刊行にあたって

　今回、私どものご提案させて頂くテーマは、"チップレットの最新動向"です。これまで半導体チップは、微細化技術によって高性能化・多機能化・低消費電力化・低コスト化を実現してきました。しかし、最近では微細加工技術の高度化に伴い、製造時の歩留まりを高めることが難しくなっています。微細加工技術の進歩だけでは限界が見えてきたため、新たな技術「チップレット」が注目されています。チップレットを適用することで、微細化の効果を継続しつつ、チップに新たな価値をもたらすことができ、半導体産業の業界構造にも大きな影響を与える可能性があります。チップレットは、これまで1つのチップに集積した大規模な回路を複数の小さなチップに個片化し、それらを組み合わせて1つのパッケージに収める技術を指します。

　チップレットは半導体技術の新たな進歩を可能にする一方で、その適用には慎重な検討が必要です。それにもかかわらず、チップレットは半導体産業の業界構造や勢力図を一変させる可能性を持っています。これは、スマートフォンや自動車、そして安全保障上の装備・設備など、現代の生活やビジネス、社会活動に欠かせない最重要物資の一つである半導体の進化を支えるための重要なステップと言えるでしょう。

　当企画では、2023年～2024年にかけて発行された国内外の関連の機関誌、Web、雑誌等、を抽出して、調査（電話取材等も含む）し、それに、コメントを付け足しました。一方、チップレットだけを論じた文献は未だ出版されていません。それゆえ、当報告書を発刊することは、意義のあること、と思います。

　半導体に携わるメーカーの分野は上流から下流まであり（国内外100社以上）、当報告書の想定される購買層は広いという事です。私どものバックグランドから、半導体業界には、一番多くの人脈があり、当報告書を作成するにおいて、貴重な情報の入手が容易であり、効果的に販促も同時に行うことができます。

　最後に、私が大手電機メーカーに携わっていた半導体後工程の中で、特にチップレット技術がクローズアップされている、事は感慨深く思います。

　今回の本書の執筆において、多大な協力を頂きました。株式会社エヌ・ティー・エスの皆様に厚く御礼を申し上げます。

2025年1月吉日
サーフテクノロジー
山本　隆浩

目次

1. チップレットとは何か？
- 1-1. チップレット技術の革新と未来展望：半導体産業の新たな可能性 ... 4
- 1-2. チップレット技術の誕生の新たな可能性と輝かしい未来 ... 6

2. チップレットの材料
- 2-1. 半導体材料メーカーとしての新たな挑戦 ... 8
- 2-2. 異種デバイス集積の開発 ... 10
- 2-3. チップ集積技術に大きな期待 ... 12
- 2-4. インテルがガラス基板を用いるビジネス意義 ... 13
- 2-5. TOWA「YPM1250-EPQ」の生成AI対応 ... 15
- 2-6. 注意すべきチップレット関連企業 ... 17
- 2-7. チップレットと先端パッケージ技術 ... 19
- 2-8. 後工程技術革新と新市場の開拓 ... 20
- 2-9. 富士通が新光電気工業を売却する理由 ... 22
- 2-10. マテリアルメーカー、ビジネスチャンネル ... 24
- 2-11. チップレットから電子インク、更なるマイクロデバイスへ ... 26
- 2-12. 無錫市、チップレットで中国のシリコンバレーになりえるか ... 28
- 2-13. オムロン「VT-X950」は半導体微細化の進展を狙う ... 30
- 2-14. NVIDIAのAI半導体が先進的なパッケージング技術であるTSMCのCoWoS生産アップへ ... 32

3. チップレットの構造
- 3-1. 半導体業界の後工程開発3ポイントを視ている、APCS ... 35
- 3-2. PSB接続技術で日本半導体産業をプロモーション ... 38
- 3-3. TSMCとASEのヘテロジニアスインテグレーション技術、等への貢献 ... 41
- 3-4. チップレットを活用すれば、開発のハードルは格段に下がるだろう ... 43
- 3-5. ワールドワイド半導体業界に向かって、アオイ電子は、チップレットによって技術革新 ... 45
- 3-6. ファラデーのチップレットも含む先進実装サービスの意義 ... 47
- 3-7. IntelとAMDのチップレット技術の違い ... 49
- 3-8. AMD Radeon RX 7000、チップレット構造のデメリットの将来展望 ... 53

3-9. ソシオネクストのチップレットにTSMC、ArmのNeoverse Compute Subsystems（CSS）技術活用 ……… 55
3-10. 後工程で日本が再び半導体技術開発の最前線に ……… 57
3-11. 日本サムスンのポスト5G情報通信システムを支える、HPC/AI用プロセッサ向けの3.xDチップレット技術開発 ……… 58
3-12. 自動車メーカーによるチップレット技術の活用 ……… 60
3-13. 技術の進歩がチップレットの実用化を一層促進 ……… 61
3-14. チップレットに関する最近の動き（AMD/Intel） ……… 64
3-15. 経済産業省の狙う、光電融合技術を用いたパッケージ内光配線技術の開発 ……… 67
3-16. 半導体業界の重大局面にあるチップレット技術のブレークスルー ……… 69
3-17. Rapidusの「2nm世代半導体のチップレットパッケージ設計・製造技術開発」 ……… 72
3-18. チップレットベースのアーキテクチャの進化と利点 ……… 73
3-19. チップレットベースアーキテクチャの増加 ……… 75

4. チップレットの標準化

4-1. ウィンボンドのUCIeコンソーシアム参加の主なポイント ……… 78
4-2. 中国の新興企業チップラーが取得したチップレット技術特許とは ……… 80
4-3. JAPAN MOBILITY SHOWの進化とチップレットをはじめとする半導体産業の未来 ……… 81
4-4. ムーアの法則を延命するチップレット技術：パッケージングと標準化の重要性 ……… 83
4-5. AIアクセラレーション時代のチップレット技術：Armの革新と標準化の取り組み ……… 84
4-6. サムスンとSKハイニックス、AI半導体の未来を見据えEliyanに投資 ……… 87

5. チップレットのテスト

5-1. チップレット技術の進化と未来の可能性：効率的なテストと新しいアプリケーションの展望 ……… 88
5-2. チップレットテストの課題と新たなソリューション ……… 89
5-3. チップレットテストの標準化 ……… 91

6. チップレットの市場予測

6-1. チップレット技術の市場背景と未来展望：急成長する市場と社会的影響 ……… 94
6-2. チップレット市場のアプリケーション分野への適用 ……… 97

7. チップゼネコンについて（付録） ……… 100

1
チップレットとは何か？

1-1. チップレット技術の革新と未来展望：半導体産業の新たな可能性

　半導体業界は、これまで素子や回路の配線幅を微細化することで、高性能化・多機能化・低消費電力化・低コスト化を実現してきた。しかし、最近では微細加工技術の進歩に限界が見え始め、製造時の歩留まり（良品率）を高めることが難しくなってきている。このため、微細加工技術だけでは半導体チップの価値向上が難しくなっている。

　そこで注目されているのが「チップレット」技術である。チップレット技術は、従来の大規模な半導体チップを複数の小さなチップ（チップレット）に分割し、これらを「インターポーザ」と呼ばれる基板上に配置して一つのパッケージに収める技術である。この技術により、製造コストを削減しながらも高性能な半導体チップを製造することが可能となる。

図 1-1　チップレットのコンセプト

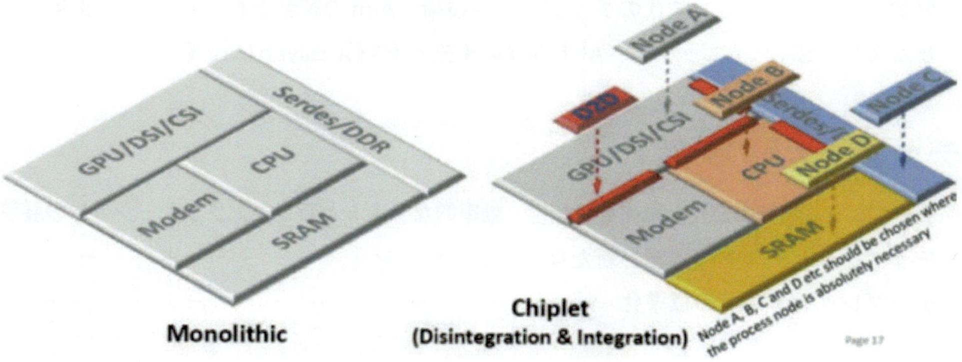

（出所：SE-Ho You（Samsung）, "From Package-Level to Wafer-Level Integration", IEDM2020, SC1）

　チップレット技術の大きな利点は、製造時の歩留まりを向上させる点にある。大規模なチップを一つで製造する場合、微細加工技術の限界により、不良率が高くなることがある。しかし、チップレット技術を用いることで、個々の小さなチップの歩留まりを高め、良品のチップレットだけを集めて組み合わせることで、全体の歩留まりを向上させることができる。

　さらに、チップレット技術は異なるプロセス技術で製造されたチップレットを組み合わせることが可能である。これにより、ロジック回路、メモリ、アナログIC、RF回路、パワー半導

体など、異種回路を一つのパッケージに収めることができる。この技術は「ヘテロインテグレーション（HI）」と呼ばれ、多機能で高性能な半導体チップの製造を実現する。

図1-2　チップレットを活用したヘテロインテグレーションの実践例

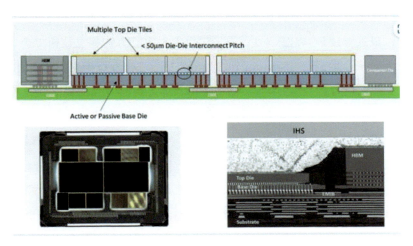

（出所：https://www.tel.co.jp/museum/magazine/report/202304_01/）

また、チップレット技術は他社のチップレットを組み合わせることも可能である。これにより、半導体産業の業界構造や勢力図が一変する可能性がある。特定のチップレットを開発するメーカーが増え、これらのチップレットを集めて大規模なチップを製造する「半導体ゼネコン」のような新しい業態が台頭する可能性がある。

（まとめ）チップレット技術の利点について

- **柔軟性**：異なるプロセス技術を組み合わせることで、最適な性能とコスト効率を実現できます。
- **スケーラビリティ**：モジュール化された設計により、製品のスケーラビリティが向上します。
- **コスト削減**：大規模なチップを製造するよりも、複数の小さなチップレットを製造する方が、コスト効率が高いです。
- **性能向上**：特定の機能を最適化したチップレットを組み合わせることで、全体の性能が向上します。

このように、チップレット技術は柔軟性、スケーラビリティ、コスト削減、性能向上といった多くの利点を提供します。

（2023年4月）

1-2. チップレット技術の誕生の新たな可能性と輝かしい未来

チップレット技術とは

「チップレット」とは、複数のチップを並べたり重ねたりして一つのチップのように見せる技術である。広い意味で、複数のチップを組み合わせるMCP（マルチ・チップ・パッケージ）とも呼ばれるが、最近ではFOWLP（ファン・アウト・WLP）の組立技術でチップを固定し、相互接続することで一つのSoC（System on Chip）として扱う技術を指すことが多い。チップレット製造は「前工程」か「後工程」か意見が分かれるため、「中工程」とも見なされる。

チップレット技術の誕生背景

チップレット技術は、新しい技術のように見えるが、複数チップを組み合わせるMCP技術自体は30年以上前から存在する。この技術はシングルチップとマルチチップの技術が交互に注目される中で進化してきた。技術採用時に重要視される「開発スピード」「コスト」「信頼性」の視点に基づき、シングルチップとマルチチップが交互に選ばれてきた。シングルチップは高い信頼性と低コストを提供するが、開発費と時間がかかる。一方、マルチチップは既存技術を活用し、迅速な市場投入を可能にする。チップレットはこのサイクルの延長上にあり、「開発スピード重視」の技術として登場した。

チップレットのメリットとデメリット

チップレットの主なメリットは以下の通りである：

メリット	内容
開発スピードの早さ	信頼性の担保された既存チップを活用することで、設計や検証の時間を短縮できる。
歩留まりの向上	信頼性の担保されたチップであること、そして複数チップで１つのチップを構成するため、各々のチップサイズが不用意に大きくならないので、素材不良にも当たりにくい。
３次元構造	複数のチップを組み合わせる形式を取るため、平面ではなく立体を活用したチップ構成が可能。
ヘテロジニアスインテグレーション	異なるプロセスノードを一緒に使用できる。

一方、デメリットは以下の通りである：

デメリット	内容
技術ハードルの高さ	KGD* 供給 / 調達の課題。1つで不良チップがあると組み合わせた全ての良品チップが無駄になる。
コストの高さ	組み立てもシングルチップに比べて複雑なため、組み立てコストが増加する。
サイズの大きさ	シングルチップに比べるとやはり複数個で構成している分、サイズが大きくなりがち。
消費電力の増加	サイズが大きくなる分、消費電力も増加する。

＊KGD：Known Good Die、良品が保証されたチップ

(まとめ) チップレットの未来展望

　チップレット技術は、シングルチップとマルチチップの技術が交互に注目される中で誕生しました。近年、製品のライフサイクルが短くなり、マルチチップの方が注目される期間が長くなってきています。スマートフォンの進化スピードを見てもわかるように、新しい商品が次々とリリースされる市場競争に対応するため、半導体製品の開発スピードが重要視されています。

　チップレットは、既存のパーツを流用しつつ最新プロセスとの融合が図れるため、開発スピードを重視する現代のニーズに合致しています。これにより、チップレットの採用が拡大していく可能性があります。

　また、チップレットの製造には高い技術レベルが求められますが、新旧技術の応用が必要です。現在、半導体業界のリーダーたちが中心となっていますが、日本の町工場も技術応用力で負けていません。世界レベルの半導体企業が日本に誘致されていることもあり、チップレット分野で日本が強みを生かして活躍する可能性もあります。

図 1-3　チップレットと半導体技術者

（出所：サーフテクノロジー作成）

（2023年10月）

2
チップレットの材料

2-1. 半導体材料メーカーとしての新たな挑戦

パッケージングソリューションセンターの概要

　日本の半導体産業は過去30年で衰退したと言われることもあるが、半導体材料メーカーは依然として世界のトップシェアを維持している。特にレゾナックは、パッケージ工程の材料において世界トップの売上高を誇る。2019年に川崎市に開設されたパッケージングソリューションセンターは、次世代半導体パッケージの早期実現を目指し、最先端の半導体実装装置を導入し、製造プロセスをトータルに再現できる施設です。これにより、複数プロセスの実装材料の最適な組み合わせ提案やプロセス条件を含めたトータルソリューションを提供することが可能となる。

センター設立の背景と狙い

　センター設立の背景には、「共創」が次世代半導体パッケージの開発に不可欠であるという確信がある。半導体の小型化・薄型化、AIやメタバース、自動運転などの新たな市場拡大に伴い、消費電力を減らしつつ膨大な情報を高速処理することが求められている。そのため、前工程の微細化技術に限界がある今、後工程のパッケージ・実装技術の重要性が高まっている。産業全体として共創によるオープンイノベーションを進めることで、最先端パッケージの早期実現を目指している。

センターの強みと設備

　パッケージングソリューションセンターの強みは、最先端の半導体実装装置を完備し、製造プロセスを一貫して再現できる点にある。特に、後工程のパッケージング後の信頼性評価に注力しており、温度や湿度、電圧などの条件に応じた試験を行う装置や、サンプル断面から不良要因を調べる解析装置も完備しています。川崎市を拠点とすることで、ラボへのアクセスのしやすさと新規装置導入のスムーズさを兼ね備えた拠点となっている。

業界をリードする技術と取り組み

　半導体産業は現在、国の将来をも左右する戦略物資として重要視されている。注目される技術として「チップレット」があり、異なる設計・製造・パッケージング技術でも相互接続が可能な技術です。チップレット技術により、半導体メーカーは高性能な製品を短期間で生産することが可能となる。この技術の採用が進む中で、相互接続の方法や信頼性の確保が課題となっているが、本センターの技術や信頼性評価の検証環境が重要な役割を果たすことが期待されている。

センターの具体的取り組みと成果

　センターでは、最先端の半導体実装装置を導入し、試作・評価の一貫ラインで製造プロセスを再現しています。特に、後工程のパッケージング後の信頼性評価に力を入れており、温度や湿度、電圧などの条件に応じた試験装置や、サンプル断面から不良要因を解析する装置を完備している。これにより、次世代半導体パッケージの早期実現に向けたトータルソリューションを提供している。

川崎市を拠点とする理由

　川崎市を開発拠点として選んだ理由は、「ラボへのアクセスのしやすさ」と「新規装置導入のスムーズさ」を兼ね備えているためである。以前の実装センターはつくば市にあったが、川崎市の現在のセンターは羽田空港から近く、国内外の企業と共創しやすい立地にある。さらに、建物の構造を改善し、重い装置を3階に設置することが可能となり、ラボの面積も大幅に拡大した。

パッケージングソリューションセンターの未来展望

　レゾナックは半導体材料メーカーとして、サプライヤーから信頼できるビジネスパートナーへと進化しようとしている。装置メーカーや材料メーカーと共創し、半導体メーカーの課題を多角的に解決するソリューションを提案することを目指している。また、サプライチェーンを縦だけでなく横にも広げ、日本の技術を世界に提供することを目指している。これからもパッケージングソリューションセンターを旗印に、次世代半導体パッケージ開発をリードしていく。

(まとめ) パッケージングソリューションセンター

- **共創の重要性**：次世代半導体パッケージの開発には、企業間の共創が不可欠であり、オープンイノベーションを推進するための「パッケージングソリューションセンター」が設立された。
- **最先端装置の導入**：このセンターでは、最先端の半導体実装装置を導入し、製造プロセスを

トータルに再現できる環境を提供している。
- **アクセスと設備**：川崎市に移転し、アクセスのしやすさと新規装置導入のスムーズさを実現。これにより、国内外の企業との共創が促進される。
- **チップレット技術**：チップレット技術の採用が進み、半導体性能の向上と短期間での生産が可能になる。

図 2-1　パッケージングソリューションセンター（かわさき新産業創造センター AIRBIC）

（出所：https://www.resonac.com/jp/corporate/resonac-now/20221207-1987.html）

（2023年1月）

2-2.　異種デバイス集積の開発

概要

　半導体チップの面積拡大や微細化を進めずに集積度を高める三次元積層型集積回路（3D-IC）の研究開発が世界中で激化している。普及のためには、異なる化学組成や熱膨張率を持つ薄膜層やデバイスを熱変形なしで積層する技術が課題となっている。

研究背景

　東北大学の福島誉史准教授と田中徹教授らの研究グループは、3D-ICの作製技術と異種デバイスとの三次元集積を容易にする新たな常温金属接合技術を開発した。熱応力を避けつつ、非常に薄い3D-ICチップ上に多数の微小なデバイスを集積することが可能であることを実証した。この技術により、ウエアラブルデバイスやポスト5G社会に貢献することが期待される。これらの成果は2023年1月19日に国際電気電子学会（IEEE）の電子デバイス専門誌で公開され、表紙にも採用された。

研究成果

研究グループは、フォトダイオードやLEDドライバー回路を備えた二次元集積回路チップを化学機械研磨で厚さ40μmまで薄化し、シリコン微細孔に銅を充填した垂直配線を形成して3D-ICをw試作した。この技術は既存の二次元集積回路を短期間かつ低コストで3D-IC化し、機能検証や評価・解析に役立つものである。また、次世代ディスプレイ素子として期待されるマイクロLEDを常温処理で積層する技術も開発された。マイクロLEDは従来の高温接合に比べ、熱ひずみや機械的損傷を避けつつ高密度に積層可能である。

今回の技術は、3D-IC上にマイクロLEDを高密度に積層して発光させることに成功し、異種デバイスの集積に向けた新たな可能性を示している。歩留まり100％を達成する見込みも示されており、今後の発展が期待される。

図2-2　血管可視化シート「Smart Skin Display」の構造

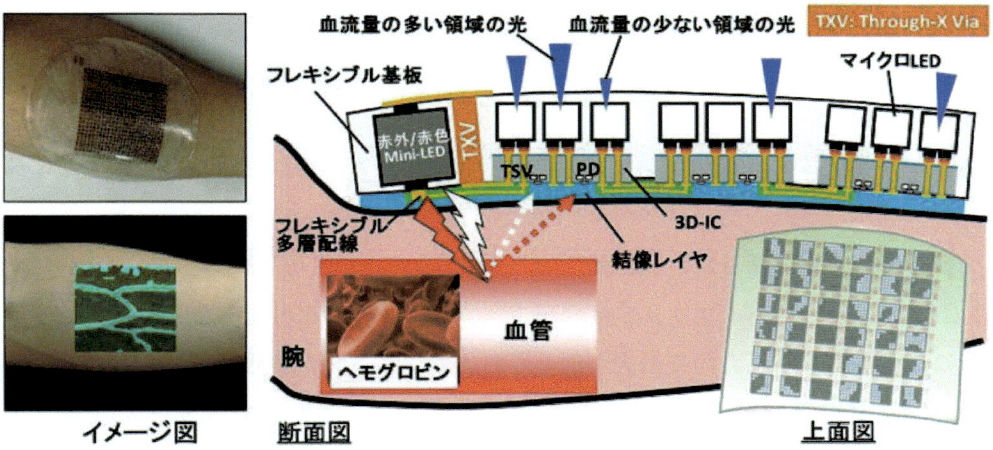

（出所：https://www.eng.tohoku.ac.jp/news/detail-,-id,2451.html）

ミニLEDから照射された光をヘモグロビンで吸収・反射し、3D-ICのPD（フォトダイオード）で検出して血量の多い部分では明るく表示するようにマイクロLEDを駆動する。マイクロLEDが3D-ICに積層された構造が特長。

（まとめ）新技術の概要

- **研究背景**：3D-IC技術：異種デバイスを積層する技術で、TSVを用いて高度に立体集積。政府主導で研究が進行中。
- **応用**：AIチップや高性能コンピューティングに期待され、富岳でも採用。
- **新技術の開発**：常温金属接合技術：東北大学の研究グループが開発。熱応力を負荷せずにデバイスを積層。
- **マイクロLED**：常温での積層技術を開発し、血管可視化シート「Smart Skin Display」を試作。

- **研究成果**：3D-IC試作：TSMCのチップを用いて、Cu-TSVを形成し、短期間・低コストで試作。
- **高密度積層**：0.1mm角のマイクロLEDチップを高密度に積層し、発光を確認。

(2023年2月)

2-3. チップ集積技術に大きな期待

概要

　横浜国立大学工学研究院の井上史大准教授は、ディスコおよび東レエンジニアリングと共同で、直接接合技術を用いた新規なチップ仮接合および剥離技術の開発に成功した。半導体デバイスの微細化限界を突破し、高性能化・低消費電力化を目指す手法として「チップレット集積」が注目されているものの、接合・配線技術には課題が残っており、新たな手法が求められている。

研究のポイント

・半導体チップ集積技術（チップレット）に大きな期待が寄せられ、新たな集積手法が開発された。
・新しい仮接合技術が開発され、300mmウェハ上での実証に成功した。
・D2W（Die-to-Wafer）ハイブリッド接合がチップレベルで適用可能となった。
・仮接合により材料の加工時間や損失が削減され、低コスト化が実現可能となった。

　この研究は「NEDO 官民による若手研究者発掘支援事業（共同研究フェーズ）」によって進められた。成果は、2023年5月30日から6月2日にアメリカ・フロリダで開催された半導体パッケージング技術に関する国際会議「IEEE 73rd Electronic Components and Technology Conference」で発表された。

研究詳細

　新しい仮接合技術は、低温で堆積されたSiO_2膜による意図的なボイドの形成と制御された接合エネルギーが鍵である。表面粗さや膜組成、機械的特性、プラズマ活性化の影響が詳細に調査された。界面解析には、無水雰囲気でのボンディングエネルギー測定、界面空孔検査、TEM分析が含まれる。TDSと陽電子消滅分光法（PAS）を組み合わせた結果、低温で堆積されたSiO_2には多くのオープンスペースと水が含まれ、水の貯蔵層として機能し、ポストボンドアニール中に放出される可能性が明らかになった。これにより熱剥離が可能となり、非常に低い力でウェハとチップが簡単に剥離できる。

仮接合技術は、プラズマ活性化ダイレクトボンディングによって行われ、仮接合界面はほとんどの前工程プロセスと互換性があり、先端ファブの技術を用いたさらなる微細化など、拡張性が見込める技術である。また、界面層が薄く固体であるため、ボンディング中のダイのずれのリスクを軽減することができる。これにより、Die-to-Waferのハイブリッド接合が可能となり、材料の加工時間、材料損失を削減し、低コスト化を実現する新しい垂直方向配線形成技術およびチップ集積技術である。

　この新しい仮接合技術により、歩留まりの向上、高いボンディング位置合わせ精度、そしてコスト削減を伴う高度な異種3D集積が可能となる。この技術は300mmウェハ上でのデモンストレーションも行われており、その実用化が期待されている。以上の成果は、半導体業界における重要な進展を示しており、今後の技術革新に大いに寄与するものである。

図 2-3　今回の集積技術の模式図

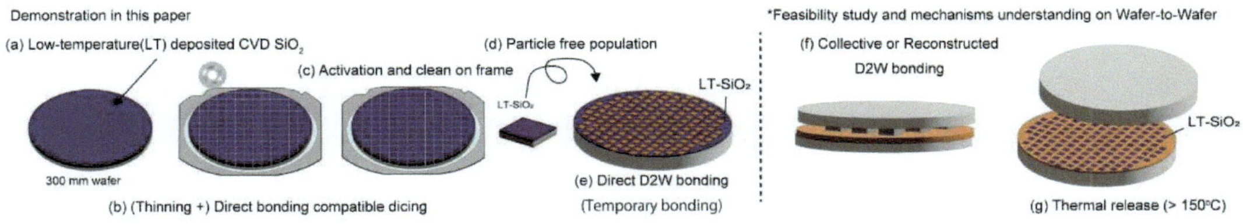

（出所：https://www.ynu.ac.jp/hus/koho/30156/34_30156_1_1_230530094103.pdf）

（まとめ）研究の成果

- **新たな集積手法**：チップの新規な仮接合技術を開発し、300mmウェハ上での実証に成功。
- **D2Wハイブリッド接合**：チップレベルに適応可能。
- **コスト削減**：仮接合によって材料の加工時間、材料損失を削減し、低コスト化が実現可能。
- **研究詳細**：低温で堆積されたSiO2膜を用いた仮接合技術は、意図的なボイドの形成と制御された接合エネルギーが鍵です。この技術により、300mmウェハ上でのデモンストレーションが成功し、歩留まり向上、高いボンディング位置合わせ精度、およびコスト削減が可能となります。

（2023年5月）

2-4．インテルがガラス基板を用いるビジネス意義

概要

　インテルは、データセンターやAI処理に使用される大規模半導体パッケージの進化を目指し、ガラス基板技術の開発を進めている。2023年9月18日、インテルは10億米ドル以上を投

資して、アリゾナ州チャンドラーにガラス基板を用いた半導体パッケージの研究開発ラインを構築したことを発表した。この技術は、2030年に1兆個のトランジスタを1つの半導体パッケージ内に集積する目標を支えるためのものである。

背景
　ムーアの法則が限界に近づきつつある中で、インテルはチップレット技術や半導体パッケージ技術の進化により、トランジスタの集積度を高める方法を模索している。ガラス基板技術の導入は、その一環として進められている。

ガラス基板のメリット
　ガラス基板には、次の5つの大きなメリットがある：
熱膨張係数の近さ：ガラスパネルはシリコンと熱膨張係数が近いため、発熱によるひずみを軽減し、基板の大面積化が可能である。
高い平面性：ガラスパネルの平面性が高く、配線の微細化が容易に進む。ガラスコアと再配線層をつなぐ電極の密度を有機基板と比べて10倍にまで向上できる。
高密度電極の形成：コアを貫通する高密度電極の形成が可能である。
低損失：有機基板と比べて損失が少なく、高周波での動作が可能である。
高温動作：高温での動作が可能で、電力供給の効率が向上する。

技術の詳細
　ガラス基板を使用することで、配線層の微細化は5μm以下、ガラスコアの貫通電極（TGV）のピッチは100μm以下が可能になる。インテルが開発したFCBGAなどの現行パッケージ技術で有機基板を用いる場合、サイズが最大120×120mmだったのに対し、ガラス基板に置き換えると240×240mmまで大きくすることができる。試作したガラス基板の半導体パッケージでは、ガラスコアの上下に3層の再配線層を形成しており、ガラスコアの貫通電極のピッチは75μmとなっている。

今後の展望
　ガラス基板の量産適用は、2025年以降の量産を予定している「Intel 18A」の次の世代になるとされている。インテルは、2030年に1兆トランジスタを集積するという目標の実現に向けて、ガラス基板技術の開発を進めている。この技術により、従来の有機基板よりも大きな基板や高性能な半導体パッケージが実現できると期待されている。

（まとめ）インテルがガラス基板を用いるビジネス意義

　インテルがガラス基板技術を採用することには、いくつかの重要なビジネス意義があります。

1. **技術的優位性の確保：** ガラス基板は、シリコンと熱膨張係数が近いため、発熱によるひずみを抑え、基板の面積を大きくすることが可能です。これにより、より多くのチップレットを高密度に集積でき、半導体パッケージの性能向上が期待されます。
2. **コスト削減と効率化：** ガラス基板は平面性が高く、配線の微細化が容易です。これにより、製造プロセスの効率化とコスト削減が実現できます。また、高密度な電極の作成が可能であり、材料の使用量を減らすことができます。
3. **高性能デバイスの実現：** ガラス基板は高周波数での動作が可能であり、生成AIやデータセンター向けの高性能デバイスの製造に適しています。これにより、インテルは次世代の高性能コンピューティング市場での競争力を強化できます。
4. **長期的な成長戦略：** インテルは2030年に1兆のトランジスタを集積する目標を掲げており、ガラス基板技術はこの目標達成に向けた重要なステップです。これにより、ムーアの法則の限界を突破し、半導体業界でのリーダーシップを維持することができます。
5. **環境への配慮：** ガラス基板は高温での動作が可能であり、エネルギー効率の向上に寄与します。これにより、環境負荷を低減し、持続可能な技術開発を推進することができます。

　これらのビジネス意義により、インテルはガラス基板技術を活用して、技術的優位性を確保し、コスト削減と効率化を図り、高性能デバイスを実現し、長期的な成長戦略を推進することができます。

（2023年9月）

2-5. TOWA「YPM1250-EPQ」の生成AI対応

開発の背景

　生成AIの普及に伴い、サーバ、高速ネットワーキング、HPC、自動運転車システムなどの分野で大量データを高速処理する高性能AI半導体モジュールの需要が増加している。これに対し、チップの微細化にはコストや生産性、品質面の課題がある。そこで、TOWAは新たなモールディング技術（レジンフローコントロール方式）を開発し、チップレット（2.5Dおよび3Dパッケージング）製品に対応した「YPM1250-EPQ」を製品化した。

新製品の特長

　生成AI向けの高機能AIパッケージ（チップレット製品）に対応している。高度なモールディング技術により、大型パッケージの生成が可能である。

生産性の向上として、TOWA独自の技術により、生産性が従来機種の最大3倍に向上する。

生成AI向けメモリ半導体とTOWA独自のコンプレッション技術

生成AI向け半導体のチップレット製品では、超広帯域メモリ（HBM）が使用される。TOWAの「CPM1080」装置は、高精度の樹脂充填技術を提供し、生成AI向けHBMの量産装置として業界初の採用を受けている。

引き合い状況

「YPM1250-EPQ」は大手半導体メーカーから引き合いがあり、2024年3月期中の受注が予定されている。「CPM1080」も既に量産設備として使用されており、2024年3月期後半から年間10〜20台の売上が見込まれている。

2024年3月期業績への影響

「YPM1250-EPQ」および「CPM1080」の需要拡大は2024年3月期後半に予想され、現時点では連結業績への影響は軽微である。

図 2-4　YPM1250-EPQ の外資

（出所：https://www.towajapan.co.jp/jp/news/2023/ir/20230926/）

（まとめ）生成AI向けの特長

1. **高機能AIパッケージ対応**：「YPM1250-EPQ」は、生成AI向けの大型チップレット製品に対応しており、従来の技術では難しいサイズの大型パッケージにも対応可能です。これにより、生成AI向けの高機能AI半導体の需要に応えます。
2. **生産性の向上**：大型プレスと高精度の樹脂コントロール技術により、既存機種と比較し最大3倍の生産性向上が期待できます。これにより、生成AI向けの半導体製造が効率的に行え

ます。

3. **HBM対応：**生成AI向けのメモリ半導体であるHBM（High Bandwidth Memory）に対応したコンプレッション装置「CPM1080」を開発。HBMは複数のチップが積層された構造であり、狭い積層空間に樹脂を均一に充填する技術が必要です。この装置は、生成AI向けHBMの量産に対応しています。

（2023年9月）

2-6. 注意すべきチップレット関連企業

新たな半導体技術で注目を集める「チップレット」とは

　半導体の微細化が進展し、製造時の歩留まりに課題が生じている。チップレット技術は、大規模な回路を複数の小さなチップに分割し、基板上に乗せて相互接続することで歩留まりを向上させるものである。これにより、製造条件のばらつきや不純物の混入を避け、高性能なチップを実現することが可能になる。

　東京工業大学と共同で開発されたPSB技術を用いたチップレット集積技術は、広帯域のチップ間接続性能や集積規模の拡大を実現している。また、この技術の高性能化を目指して「チップレット集積プラットフォーム・コンソーシアム」が設立され、主要メンバーにはアルバック、住友ベークライト、太陽ホールディングス、マクセル、リンテックが参加している。

半導体の新潮流を牽引するチップレット関連企業

・**アオイ電子**

　半導体集積回路の組立て・検査受託が主力であり、2022年10月に東京工業大学の栗田特任教授らと共同でPSB技術を用いたチップレット集積技術を開発した。PSB技術により、従来の製造技術に比べてチップ接続間密度が向上し、性能が改善される。

図2-5　チップレット集積パッケージ（PSB構造）

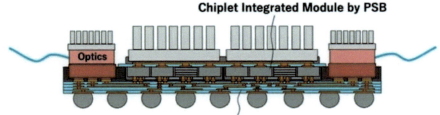

（出所：https://www.titech.ac.jp/news/2022/064932）

・TOWA
　半導体後工程用製造装置の大手であり、2023年9月にデータセンターなどの効率的な運用を目指して、半導体を1つにまとめる装置を開発した。チップレット技術に対応し、TSMCに出荷する予定である。1台の装置が最大6枚のチップレットを同時に封止する。

・ソシオネクスト
　2023年10月にTSMCの2nmプロセステクノロジーを用いた32コアCPUチップレットの開発において、アーム社およびTSMCと協業すると発表した。2025年上期にサンプル提供を目指している。

・新光電気工業
　半導体パッケージの大手であり、2022年5月に長野県に高性能半導体向けフリップチップタイプパッケージの新工場を建設すると発表した。フリップチップタイプは複数の半導体を実装して性能を向上させる技術であり、チップレットにも利用できるとされている。

・イビデン
　有機パッケージの世界トップメーカーであり、大型基板を用いて高い密度で配線を形成する技術に強みがある。同社の技術はチップレットに活用されると見込まれている。

・SCREENホールディングス
　ウェハ洗浄装置で世界首位であり、チップレット技術の普及により新たな洗浄ニーズが発生することが期待されている。

（まとめ）更なるチップレット関連企業
以下の企業もチップレット技術に関連して注目されています：

1. 東京エレクトロン（Tokyo Electron）　半導体製造装置の大手で、チップレット技術に対応した装置の開発を進めています。
2. アドバンテスト（Advantest）　半導体テスト装置の大手で、チップレットのテスト技術に強みがあります。
3. 日立製作所（Hitachi）　半導体製造装置や材料技術においても重要なプレイヤーです。
4. 富士通（Fujitsu）　半導体設計や製造においてもチップレット技術を活用しています。
5. ルネサスエレクトロニクス（Renesas Electronics）　マイクロコントローラやシステムオンチップ（SoC）においてチップレット技術を導入しています。

　これらの企業も、チップレット技術の進展において重要な役割を果たしています。

（2023年11月）

2-7. チップレットと先端パッケージ技術

　半導体の微細化が進む一方で、製造プロセスの限界に達しつつある。そのため、微細化以外の手法で性能向上を図る動きが活発化している。その中で注目されているのが「チップレット」と「次世代パッケージ」である。

　チップレットは、チップ内の構成要素を個別に製造し、電気的に接続して1つのチップとして動作させる技術である。次世代パッケージは、チップを縦に積んだり高密度に集積したりする手法の総称であり、これらの技術は「後工程」の要素技術を多く用いる。日本企業はこの後工程分野で強みを持ち、多くの企業が世界的に高いシェアを誇っている。

　例えば、ウェハからチップを個別に切り出すディスコや、チップを基板上に実装後にエポキシ樹脂で封止するモールド工程で高い存在感を持つTOWA、モールド樹脂で高いシェアを持つ住友ベークライトなどである。

　日本の後工程技術を活用するため、TSMCやサムスン電子などの海外メーカーが日本に進出している。生成AI関連の需要増加も、半導体メーカー各社の開発意欲を刺激している。例えば、東京エレクトロンは「ウェハボンダー」の引き合いが増加し、ディスコも先端パッケージの需要拡大に応じて大型投資案件を獲得している。

(まとめ) チップレットと先端パッケージ技術

　半導体業界では、微細化の限界に近づく中で、チップレットと先端パッケージ技術が注目されています。これらの技術は、従来の微細化に代わる新しいアプローチとして、性能向上を目指しています。

　これらの技術は、半導体製造の「後工程」で多く用いられ、日本企業が強みを持つ分野です。例えば、ディスコはダイサーで、TOWAはモールド工程で、住友ベークライトはモールド樹脂で高いシェアを誇ります。

　さらに、生成AI関連の需要増加により、チップレットや先端パッケージ技術の需要も伸びており、日本企業にとって新たな成長機会となっています。例えば、東京エレクトロンやディスコは、これらの技術に関連する装置の受注が増加しています。

　このように、チップレットや先端パッケージ技術は、半導体業界の次世代技術として重要な役割を果たしており、日本企業の強みを活かす大きなチャンスとなっています。

図 2-6　ディスコの半導体製造工程

（出所：https://www.disco.co.jp/jp/introduction/index.html）

（2023年11月）

2-8. 後工程技術革新と新市場の開拓

　2023年の後工程技術の進化は、半導体業界に新たな価値を創出している。特に3Dや2.5D技術の利用が重要視され、新しい装置や材料、設計環境が次々と登場してきた（図2-4）。これらは、後工程技術を提供する企業にとって新たな市場となる。

図 2-7　最先端の後工程技術を活用して製造されたロジックチップの例

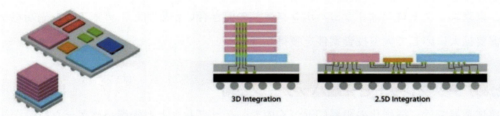

（出所：https://www.semiconjapan.org/jp/blogs/semiconjapan2023-perspectives-on-the-future-5）

　異なる世代や製造元のチップレットを基板上に集積する「ヘテロジニアスインテグレーション（HI）」技術は、高機能で小型のチップを生み出す手段として広く活用されている。この技術には、チップレットを積層するインターポーザ基板上に微細な再配線層やバンプを形成する技術が必要である。

　材料の面でも革新が進んでおり、ガラス基板の採用が注目されている。ガラス基板は高温耐性や平坦性に優れ、高性能かつ高密度なパッケージを実現する材料として期待されている。Intelはデータセンター向けプロセッサにガラス基板を採用する予定を発表している。

図2-8　Intelによるガラスを用いたパッケージ基板の試作品

（出所：https://www.semiconjapan.org/jp/blogs/semiconjapan2023-perspectives-on-the-future-5））

　設計環境も重要な要素であり、複雑な3D/2.5Dチップの設計には、対応する設計・検証ツールの進化が不可欠である。各チップレットの動作を統合するための設計や検証が求められている。TSMCは最先端チップの設計・量産を支援する「Open Innovation Platform（OIP）」を提供し、設計作業の効率化を進めている。

図2-9　TSMCがOIPに追加した後工程関連の新たな4つのアライアンス

（出所：https://www.semiconjapan.org/jp/blogs/semiconjapan2023-perspectives-on-the-future-5））

　TSMCは多様なEDAツール間で情報を共有し、相互運用を可能にする「3D Blocks 1.0/2.0」を発表した。このような取り組みにより、半導体業界は高度な後工程技術と設計環境の整備が進み、競争力がさらに高まることが期待されている。

　日本においても、最先端ロジックチップの製造技術をリードするために、こうした設計環境の整備が求められている。製造技術の進化だけでなく、設計環境の最適化も重要である。日本企業が持つ露光技術の知見を生かし、競争力の高い装置を開発・提供することが可能である。

　半導体産業において、後工程技術の進化と設計環境の整備は、今後の発展に不可欠な要素となる。

(まとめ) 後工程の技術革新と新市場の開拓

　3Dや2.5D技術の進化により、半導体後工程の重要性が増し、新たな装置・材料・設計環境が求められています。特に、異なる世代や製造元のチップを集積する「ヘテロジニアスインテグレーション（HI）」が注目されています。ガラス基板の導入や設計環境の進化も進んでおり、日本企業にも新たな市場機会が広がっています。

　半導体技術の進化が著しく、特に後工程の重要性が増していることが分かります。日本企業がこの分野で競争力を持ち続けるためには、技術革新と新市場の開拓が鍵となるでしょう。

（2023年11月）

2-9. 富士通が新光電気工業を売却する理由

　2023年12月12日、富士通は子会社の新光電気工業を政府系ファンド・産業革新投資機構（JIC）に売却することを発表した。新光電気工業は半導体のパッケージ基板を手がけるメーカーであり、富士通が50.02％の株式を保有している。JICは新会社を設立し、2024年8月下旬を目途に新光電気工業に対してTOB（株式公開買い付け）を実施する予定である。買い付け価格は1株5920円で、新光電気工業はJICの完全子会社となり、上場廃止になる見込みである。

高性能パッケージ基板で世界有数

　新光電気工業は、半導体のパッケージング工程で使用される基板の世界有数のメーカーである。1946年に創業し、当初は家庭用電球のリサイクルが主な事業であった。現在、本社や主要な生産拠点は長野県にあり、主要顧客にはインテルやAMDが含まれる。同社の売上高は2023年3月期で2863億円、そのうち27％がインテル向け、12％がAMD向けで、海外売上高比率は約90％に達している。

　新光電気工業が手がけるパッケージ基板は、半導体チップを電子回路基板（マザーボード）に接続する際に使用されるシート状の材料である。この基板は電気的な接続だけでなく、外部の衝撃からチップを保護する役割も果たしている。特に高性能な「フリップチップ」タイプのパッケージ基板が特徴であり、技術的な難易度が高いため付加価値もつけやすい。同社のパッケージ部門売上高の6～7割をこのタイプの製品が占めており、岐阜県に本社を置くイビデンと並び、フリップチップで世界トップクラスのポジションにある。

図 2-10 フリップチップタイプパッケージで世界トップクラスのシェアを有する

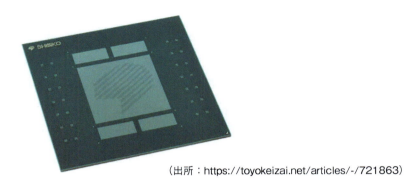

（出所：https://toyokeizai.net/articles/-/721863）

業績は厳しいが強気の設備投資

　新光電気工業の業績は、2010年代を通じて売上高1400億円前後、純利益は数十億円規模で推移し停滞していた。しかし、コロナ禍での巣ごもり需要によりパソコンやサーバ投資が増大し、業績は一気に急拡大した。2021年度以降の2年間は純利益が500億円を超え、最高益を更新する好業績を上げた。

　2023年度はコロナ特需の反動で減収減益が見込まれているが、将来の需要を見据えた設備投資には強気の姿勢を見せている。計画している設備投資額は売上高の33％に相当する764億円であり、前年度比でおよそ3倍の水準である。2023年11月には長野県千曲市で高性能半導体向けパッケージ基板の新工場が竣工し、2024年度から稼働が始まる予定である。同工場にはさらに533億円を投じて新棟を追加建設する予定であり、経済産業省から178億円の補助を受けることになっている。

図 2-11　コロナ禍後を含む新光電気工業の業績推移

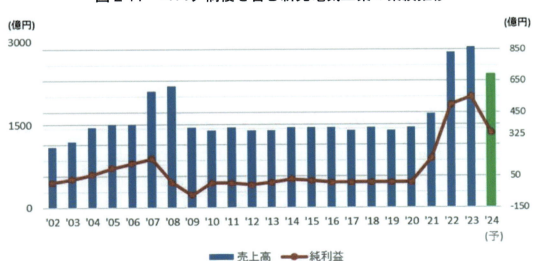

（出所：サーフテクノロジー推計）

先端パッケージングの重要部品

　半導体の性能向上には、複数のチップを効率的に接続する「チップレット」技術が注目されている。パッケージ基板はこの技術において重要な役割を果たし、AI半導体などで利用される「先端パッケージング」として知られている。生成AIの急成長により高性能半導体の需要が増加し、新光電工の強みであるサーバ向けパッケージ基板の必要性も高まっている。

　新たに設立される会社には、JICのほかに大日本印刷が15％、三井化学が5％を出資する予定であり、これらの企業はパッケージング工程に使われる材料を手がけている。この分野での協業が進むと見られる。JICは今年6月、半導体材料のフォトレジスト大手・JSRの買収を発表しており、これは材料業界の再編を目指した動きである。

　富士通は非中核事業の切り離しを進めており、新光電気工業の売却もその一環である。今回の売却は、政府の半導体政策強化とも一致した動きであると考えられる。

　このように、新光電気工業の売却は、半導体業界の動向や企業戦略、政府の政策とも密接に関連している。

(まとめ) 富士通が新光電気工業を売却する理由

　富士通が新光電気工業を売却する理由は、事業の集中と効率化を図るためです。新光電気工業は半導体パッケージ基板のメーカーであり、富士通の主要事業とは異なる分野に属しています。富士通は、より戦略的な事業にリソースを集中させるために、非中核事業の切り離しを進めており、その一環として新光電気工業の売却を決定しました。これにより、富士通はコアビジネスに専念し、競争力を強化することが期待されており、新光電気工業は半導体パッケージ基板のメーカーであり、富士通は50.02％の株式を保有していましたが、政府系ファンド・産業革新投資機構（JIC）へ売却することを決定しました。売却は既定路線であり、プレミアムが低いのもTOB期待が株価に織り込まれていたためです。

（2023年12月）

2-10.　マテリアルメーカー、ビジネスチャンネル

　2024年1月、半導体製造の後工程領域における材料の商機が拡大している。特に人工知能（AI）市場の活況を背景に、複数の半導体を一つのチップのように扱う「チップレット」技術の実用化が進んでいる。この技術革新に伴い、後工程技術が複雑化する一方で、材料需要の増加が期待される。化学メーカーは、前工程材料で培った技術を後工程向けに応用することで、新たなシェアを獲得しようとしている。

チップレット技術とその影響

近年、回路微細化によらずに半導体の性能向上が実現できるとして、後工程の実装技術が注目されている。特にAI向けの最先端半導体では、単一チップに集積していた回路を複数チップに個片化し、相互接続することで高性能化を図る「チップレット」技術が用いられている。この技術は、シリコンや有機基板などのインターポーザ（中継部材）を介して複数チップと配線基板を接続する点が特徴である。

材料需要の増加

シリコンウェハ大手SUMCOは、高性能なシリコン基板が求められるだけでなく、大面積化に伴いウェハ消費量が従来技術の2倍以上になると予測している。複数チップで構成するため、パッケージが大型化し、材料使用量の増加が見込まれる。さらに、新たな実装工程に対応するための材料にも新しい機能が求められている。

富士フイルムとJSRの取り組み

富士フイルムは後工程向けの半導体研磨材料（CMPスラリー）の量産を開始した。このCMPスラリーは、硬さの異なる配線や絶縁膜が存在する半導体表面を均一にする研磨剤であり、主に再配線層の平坦化に使用される。同社は銅配線向けのCMPスラリーでトップシェアを握っており、その技術を応用して後工程向け製品を開発した。

一方、JSRは再配線層に用いるポリイミド（PI）系の感光性絶縁材料を開発し、数年後の市場投入を目指している。感光性絶縁材料は信頼性が重視され、高解像度や反り抑制などの特性が求められる。JSRはこのほかにもレジストや複数の実装材料を手がけ、多様化する後工程領域の要求に対応している。

半導体メーカーの動向

AI半導体の需要増加を背景に、半導体大手は後工程の強化に取り組んでいる。台湾積体電路製造（TSMC）は先端パッケージングの生産能力を2024年末までに2023年比で倍増させる計画を発表。韓国サムスン電子も横浜に拠点を新設し、後工程の研究開発体制を強化している。

日系サプライヤーの幹部は、次世代技術であるチップレットや3次元（3D）積層技術が非常に高難度であるため、製造委託先が限られると予想している。そのため、半導体メーカーが後工程を内製化する動きが当面続くと見られており、商流の変化が予想される。これにより、取引拡大や新たな参入を狙うサプライヤーにとって、後工程領域は新たなチャンスを生み出す可能性がある。

以上のように、後工程技術の進化と材料需要の増加は、半導体業界において重要なテーマと

なっている。メーカー各社は新技術を応用しつつ、シェア獲得に向けた取り組みを強化している。

（まとめ）各材料メーカーの将来展望
- **SUMCO**：高性能シリコン基板の需要増加を予測。チップレット技術によりウェハ消費量が従来の2倍以上になる見込み。パッケージの大型化に伴い、材料使用量の増加が期待される。
- **富士フイルム**：後工程向け半導体研磨材料（CMPスラリー）の量産を開始。再配線層の平坦化に使用される新材料を開発。次世代実装技術の普及を見据えた需要取り込みを狙う。
- **JSR**：再配線層向けポリイミド系感光性絶縁材料を開発中。数年後の市場投入を目指し、ラインアップを拡充。多様化する後工程領域の要求にトータルで応える。
- **市場動向**：AI半導体の需要増を背景に、TSMCやサムスン電子が後工程の強化に乗り出している。日系サプライヤーも次世代技術の高難度に対応し、新たなチャンスを模索中。

図2-12　富士フイルムのCMPスラリー

（出所：https://www.fujifilm.com/jp/ja/business/semiconductor-materials/cmp/copper-slurries）

（2024年1月）

2-11. チップレットから電子インク、更なるマイクロデバイスへ

　2024年2月、研究者たちはチップレットを含んだ新しいインクを活用し、統合されたシステム上にプリントする先進的な製造方式でコストと参入障壁を下げようとしている。この技術は、多数の小さなチップレットが静電気の力で所定の位置に誘導され、コンピューターの回路を形成するものである。

新しい製造方式の登場
　この技術は、コンピューター・チップを顕微鏡で見ると蟻のように見える小さな黒い長方形が動き回り、正確に整列する様子から「電子インク」とも呼ばれる。プロジェクト・リーダー

のEugene Chowは、これをソフトウェア制御したマイクロアセンブリと呼び、各チップがメモリ、ディスプレイ、ロジック、通信、センシングなどの機能を果たすことができると述べている。

静電気の力で制御

このプロセスは、化学、流体工学、生物学の自己組織化技術を活用して回路を生成するもので、設計が非常に難しい。しかし、スケーラブルかつ異種混合のマイクロシステムを構築するという広範な課題に対応できる新しい方法となりえる。

コスト削減と新規参入者の増加

Chowは、数十億米ドルではなく、数百万米ドル単位のマイクロアセンブリ関連施設を構想している。このコスト削減により、エレクトロニクスの世界に「民主化」をもたらし、新規参入者が参加できるようになる可能性がある。マイクロアセンブラはスピードも速く、多様なデバイスを組み合わせて新しい回路を作ることができる。

革新的な製造機器の可能性

新しいアイデアやプロトタイプの回路は、コードを数行変更するだけで設計・プリントが可能であり、生産設備全体は実験室規模で収まる。これにより、カスタマイズした製品を手ごろな価格で少量生産することができる。

プリンターのコンセプトからの着想

チップレットの粒子をインクに浮遊させてプリントするアイデアは、レーザープリンターのコンセプトから着想を得ている。ソフトウェア制御の力場を使ってチップレットを正確に配置し、回路に配線することで、静電的アプローチと高スループット・システムアーキテクチャが実現可能となる。

SRIでの実験

この技術はSRI（Stanford Research Institute）の傘下で研究が進められており、次世代ディスプレイや電子部品、素材の革新的な製造機器となる可能性を秘めている。SRIには、このビジョンの実現に寄与できるような学際的な才能を有する人材が揃っている。

以上のように、チップレット技術と電子インクを活用した新しい製造方式は、半導体の製造方法を根本から変える可能性を持っており、コスト削減と新規参入者の増加によってエレクトロニクス業界に大きな影響を与えることが期待されている。

図 2-13 シリコンチップによる「SRI」

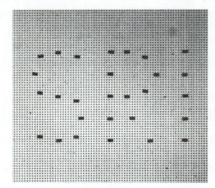

（出所：https://www.sri.com/ja/press/story/）

（まとめ）チップレットインクの将来展望

- **コスト削減と参入障壁の低下**：チップレットインク技術は、製造コストを大幅に削減し、新規参入者がエレクトロニクス分野に参加しやすくなります。
- **多機能性とカスタマイズ**：各チップレットが異なる機能を持ち、メモリ、ディスプレイ、ロジックなど多様な用途に対応可能。カスタマイズ製品の少量生産が可能になります。
- **ソフトウェア制御アセンブリ**：静電気を利用したソフトウェア制御の力場で、チップレットを正確に配置し、回路を形成。これにより、迅速かつ効率的な製造が実現します。
- **新しい製造方法の可能性**：マイクロアセンブリ・プリンターは、次世代ディスプレイや電子部品の革新的な製造機器となる可能性があります。

（2024年2月）

2-12. 無錫市、チップレットで中国のシリコンバレーになりえるか

　無錫市（むしゃく、ウーシー）は、中国におけるチップ・パッケージングの中心都市であり、半導体産業における役割を強化するために、チップレット研究に多額の投資を行っている。米国の制裁により先端技術の輸入が制限されている中国は、チップレット技術に注力し、国内での半導体製造能力を高めようとしている。

チップレット技術の概要

　チップレット技術は、従来の単一チップを複数の独立したモジュールに分割することで、設計コストの削減とコンピューティング性能の向上を図る新たな手法である。米国政府の制裁により、中国企業は先端技術の輸入が困難となっているが、チップレットを活用することで強力なチップの開発が可能となる。

中国におけるチップレット技術の重要性

　中国国内では、チップレット技術は特に重要である。米国の制裁により最先端のチップや製造装置を輸入できないため、既存の技術を最大限に活用する必要がある。チップレット技術を用いることで、中国企業は高性能なチップを開発し、競争力を維持することが可能となる。

無錫市の歴史と現在の状況

　無錫市は、上海と南京の中間に位置する製造業が盛んな中規模の都市である。1960年代に中国政府が国営ウェハ工場を建設し、1989年までに国家予算の75％が無錫の工場に投入された結果、半導体分野での長い歴史を持つ。2022年には600社以上のチップ企業が存在し、半導体産業の競争力では上海と北京に次ぐ地位を占めている。

無錫市のチップレット技術への取り組み

　無錫市は特にチップ・パッケージングの分野で強みを持つ。世界第3位のチップ・パッケージング企業であり、中国最大手のJCETは無錫で創業した。JCETと無錫のパッケージング技術は、チップレットの分野でも優位性を発揮している。チップレットは、従来のチップに比べてそれほど高度な製造能力を必要としないが、さまざまなモジュールの連動を確保するためには高度なパッケージング手法が求められる。

　2023年、無錫市は「チップレット・バレー」を目指す計画を発表し、チップレットを開発する企業への助成金として1400万ドルを支出することを約束した。また、無錫相互接続技術研究所を設立し、チップレットの研究に注力している。

中国の半導体産業における無錫市の役割

　無錫市は、中国の半導体産業において隠れた重要な役割を果たしている。チップ設計や製造よりも労働集約的であるパッケージング分野は、欧米諸国にはほとんど残っていないが、無錫市はこの分野での強みを活かしている。チップレット技術の進歩とパッケージング技術の発展により、無錫市は再び注目を集める可能性がある。

　中国は、この強みを活かして半導体産業で優位に立つため、無錫市のチップレット技術に大きく賭けている。無錫市が中国のシリコンバレーとしての地位を確立できるかどうかは、今後の動向に注目が集まる。

（まとめ）無錫市の将来展望について

　将来展望で一番重要なのは、「無錫市の『チップレット・バレー』計画」です。この計画は、無錫市がチップレット開発の中心地としての地位を確立し、国際的な競争力を高めるための重

要なステップです。1400万ドルの助成金や研究機関の設立など、具体的な支援策が含まれており、無錫市の半導体産業の未来を大きく左右するでしょう。

図 2-14　チップレットで新シリコンバレーを目指す無錫市

（出所：https://www.technologyreview.jp/s/329125/this-chinese-city-wants-to-be-the-silicon-valley-of-chiplets/）

（2024年2月）

2-13. オムロン「VT-X950」は半導体微細化の進展を狙う

2024年4月、オムロンは、CT型X線自動検査装置「VT-X950」を発表した。この装置は、2023年11月に発表され、「半導体チップレット向け高精細・高速インラインCT型X線自動検査技術の確立」により「第53回 日本産業技術大賞」（主催：日刊工業新聞社）で「文部科学大臣賞」を受賞した。

VT-X950の技術的特徴

「VT-X950」は、オムロン独自の制御技術と画像処理技術を組み合わせ、高速・高精度な検査を実現している。この装置には、シームレス制御による連続撮像技術と高感度カメラが搭載されており、高解像度で判別しやすい3D画像を生成する。0.2μmで撮像する高分解能により、半導体パッケージの3D実装に使用されるμBumpやC4Bumpのはんだ品質を可視化することができる。

さらに、医療用CTスキャンにも使われる最先端の3D検査技術を活用したモデリングの高速生成により、製造現場で困難だったインラインでの品質検査を実現している。独自のAI技術を活用し、検査の撮影条件設定を自動的に最適化することで、従来は熟練技術者に頼らざるを得なかった検査プログラムの作成を自動化している。

日本産業技術大賞の受賞理由

日本産業技術大賞の審査委員会は以下の点を評価した。
・半導体産業の底上げに必要な技術であり、半導体の性能向上にとっても重要な自動化検査技術であること。
・一般的な解析機と比較して100倍高速かつインラインで検査が可能であること。
・CT型X線検査において1画素あたりの最小分解能が従来機の0.3μmから0.2μmに向上したこと。

今後の展望

今後も半導体のさらなる微細化・高性能化が見込まれており、安定した生産と高い品質を実現するためには、高度な検査技術が欠かせません。

オムロンの「VT-X950」は、半導体や電子部品の高速・高精度な3D検査を実現するCT型X線自動検査装置です。将来展望として、以下の点が挙げられます。

・**半導体微細化の進展**：生成AIや5G/6G通信の普及に伴い、半導体の微細化が進む中で、VT-X950の需要は増加するでしょう。

・**自動車業界での活用**：xEVの進展により、統合EVモジュールの検査需要が高まるため、VT-X950の役割が重要になります。

・**AI技術の進化**：独自のAI技術を活用した高度な画像処理により、検査の自動化と精度向上が期待されます。

これらの要素により、VT-X950は今後も多様な産業での活躍が期待されます。

図2-15　CT型X線自動検査装置「VT-X950」とX線による撮像画像

「VT-X950」
同じはんだを2DでX線撮像した画像(上)と
3DでX線撮像した画像(下)

（出所：https://www.omron.com/jp/ja/edge-link/news/712.html）

（2024年4月）

2-14. NVIDIAのAI半導体が先進的なパッケージング技術であるTSMCのCoWoS生産アップへ

　2024年4月、半導体市場調査会社であるTrendForceは、NVIDIAとAMDのAI半導体の開発計画およびそれらに搭載されるHBM（High Bandwidth Memory）の仕様調査を行ったことを発表した。この調査により、AI半導体市場の動向や各社の戦略についての具体的な展望が明らかになった。

NVIDIAの次世代プラットフォームとその影響

　NVIDIAの次世代プラットフォーム「Blackwell」を採用したBシリーズGPUを含むGB200などのモデルが注目されている。特にGB200は高い需要が見込まれており、その出荷台数は2025年までに数百万ユニットを超え、NVIDIAのハイエンドGPU分野の40～50％近くを占める可能性があると、TrendForceは予測している。このことは、NVIDIAがAI市場において圧倒的なシェアを確保し続ける可能性を示している。

　NVIDIAのGB200やB100など、2024年後半に発売予定の各製品は、従来よりも複雑かつ高精度なTSMCの「CoWoS-L」技術を採用する。この技術は、高度な検証とテストを必要とし、また通信や冷却性能などの側面でAIサーバシステムに最適化されるための時間が必要となる。これにより、2024年第4四半期または2025年第1四半期まで生産数は限定的となることが予想される。

TSMCのCoWoS生産能力の増強

　CoWoS（Chip-on-Wafer-on-Substrate）の需要が増加することが見込まれる中、TSMCは2024年末までにCoWoSの推定月間生産能力を前年比150％増の4万ユニット近くまで引き上げる予定である。このうち、半分以上がNVIDIA向けとなると予想されている。この増強は、NVIDIAのAI半導体の生産需要に応えるためのものであり、TSMCの製造能力の拡充がNVIDIAの市場シェア拡大に寄与することになる。

　また、Amkorなどのパートナーは、主にNVIDIAのHシリーズ向けにCoWoS-Sテクノロジーを手掛けている。しかし、技術的なブレークスルーは短期的には困難であり、そうしたOSAT（Outsourced Semiconductor Assembly and Test）がクラウドサービスプロバイダ（CSP）による自社開発ASICを中心としたNVIDIA以外の追加注文を確保しない限り、拡張計画は保守的なものとなる可能性があると指摘されている。

2024年後半にはHBM3eが主流に

　2024年後半には、NVIDIAとAMDの主要GPU製品に搭載されるHBMの方向性として、

HBM3eが主流になると予想されている。NVIDIAは、現行のH100に代わり、HBM3eを搭載したH200の出荷を拡大させる予定であり、それ以降のGB200やB100などでもHBM3eが採用される見通しである。一方、AMDも2024年末までに新製品MI350を発売する予定であり、その前にH200と競合するMI32xといった暫定モデルを投入する可能性がある。いずれの製品でもHBM3eが採用されることが予想されている。

HBM容量の増加とその影響

　AIサーバの全体的な計算効率とシステム帯域幅の向上に向けて、HBMの容量増加が続くことが予想されている。現在市場で主に使用されているH100は80GBのHBMを搭載しているが、2024年末までにその容量は192GBから288GBまで増加する見込みである。AMDのMI300Aも最大288GBまで増加されることが予想されており、これによりAIサーバのパフォーマンスが大幅に向上することが期待されている。

　さらに、HBM3eを搭載したGPUのラインナップでは、8Hi（メモリ積層数が8層）構成から12Hi（メモリ積層数が12層）構成へと進化することで、容量の増加が図られると見込まれている。NVIDIAのB100およびGB200は現在、192GBの8Hi HBM3eを搭載しているが、B200では12Hi HBM3eを搭載することで288GBまで引き上げられる予定である。同様に、AMDのMI350および2025年に発売予定のMI375シリーズも12Hi HBM3eを採用することで、メモリ容量288GBを実現することが予想されている。

　このように、NVIDIAとAMDはHBM3eを中心に高性能なAI半導体の開発を進めており、その結果としてAIサーバの性能向上と市場シェアの拡大が期待されている。TSMCの生産能力の増強とCoWoS技術の進化により、今後の半導体市場はさらに活発化することが予想される。

　この詳細な調査と予測に基づいて、NVIDIAとAMDはそれぞれの技術を駆使し、AI市場での競争力を高めるための戦略を練っている。AI半導体の需要は今後も増加し続ける見込みであり、両社の技術革新と生産能力の向上が市場の成長を支える鍵となるだろう。

注）

CoWoS（Chip-on-Wafer-on-Substrate）：半導体の高性能化と高密度化を実現するための先進的なパッケージング技術。　この技術は、複数のチップを1つのウェハ上に配置し、さらにそれを基板に統合することで、従来のパッケージング方法に比べて大幅に性能を向上させることが可能。

HBM（High Bandwidth Memory）：3D積層メモリ技術の一種で、従来の平面メモリよりもはるかに高い帯域幅を持っている。

関連企業の将来展望

・**NVIDIA**

Blackwellプラットフォーム：次世代GPU「GB200」などのモデルが2025年までに数百万ユニット出荷され、ハイエンドGPU市場の40〜50％を占める可能性。

HBM3eの採用：2024年後半からHBM3eを搭載したH200やGB200が主流となり、メモリ容量が192GBから288GBに増加。

・**TSMC**

CoWoS生産能力の増強：2024年末までに月間生産能力を前年比150％増の4万近くまで引き上げ、NVIDIA向けが半分以上を占める見込み。

・**AMD**

新製品MI350：2024年末までに発売予定で、HBM3eを採用し、メモリ容量288GBを実現する見込み。

図 2-16　Nvidia, TSMC の CoWoS

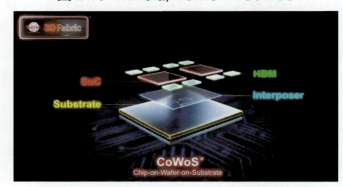

3-1.　半導体業界の後工程開発3ポイントを視ている、APCS

（2024年4月）

3
チップレットの構造

3-1. 半導体業界の後工程開発3ポイントを視ている、APCS

　最先端半導体チップのさらなる進化には、微細加工技術の進歩だけでなく、より高度な後工程技術の開発と導入が必要不可欠となっている。主要な半導体メーカーである台湾TSMC、韓国Samsung Electronics、Intelなどは、チップレットを含む2.5D/3D実装技術の開発に力を注ぎ、前工程と後工程の融合を進めている。

APCSでのディスカッション

　こうした技術トレンドを鑑みて、2022年12月14日から16日に開催された「SEMICON Japan 2022」と併せて、後工程技術に特化した専門展示会「Advanced Packaging and Chiplet Summit（APCS）」が同時開催された。会期2日目の12月15日には、最先端の後工程技術とその利用技術の開発をリードするキーパーソンが集結し、後工程技術の進化の方向性と応用システムにもたらされるインパクトについて語った。

　講演者たちは、半導体技術の発展を後押しする後工程技術の開発において、以下の3点を重要視する必要があることを強調した。
・システムを構成する回路をより多く1チップ化して集積することが、性能面とコスト面で最適解ではなくなったこと。
・回路ごとの機能や特性、要求性能に応じて最適な前工程技術を使い分け、チップレットを製造し、パッケージ上で集積するヘテロインテグレーション（HI）の重要性が高まっていること。
・後工程技術は前工程技術以上に応用システムの技術要件を色濃く反映するため、最適な後工程技術を開発・利用する際にはシステムアーキテクチャの深い理解が欠かせないことである。

重要な後工程技術の役割

　最先端半導体チップの進化に向け、後工程の役割は一層重要になっている。日本のRapidus社専務執行役員である折井靖光氏は、巨大チップを分割することで初期の歩留まりが大幅に向上するというデータを紹介し、チップレット技術がIT機器の性能向上の鍵を握ることを強調した。AMDのMark Fuselier氏は、後工程技術の高度化が汎用プロセッサから専用化プロセッ

サへの移行を支えると述べ、より効率的かつ低コストで多様なチップを生産するためにモジュラーデザインの進歩が必要であると強調した。

　TSMCは、7nmや5nmといった最先端微細加工技術を量産チップの製造に適用し、顧客企業に有力な付加価値を提供している。同社の江本裕氏は、日本のパートナーとTSMCの世界の顧客をつなぐことで、3D Fabric・3D ICの新たな市場を創出することを目指していると語った。また、Jun He氏は、チップレットと基板をつなぐボンディング材料や日本固有の技術のさらなる進歩が期待されると述べた。

図3-1　半導体におけるチップレット技術

（出所：https://www.semiconjapan.org/jp/blogs/semiconjapan2022-review-2）

ヘテロインテグレーションの重要性

　これまで、より多くの回路を1つのダイに集積する技術開発が行われてきたが、現在ではすべての回路を1チップ化することが必ずしも得策ではないとされている。今後、チップレット技術はさらに高度に進化し、半導体チップの設計者をモノリシックの呪縛から解放することが期待される。IntelのRavi Mahajan氏は、HIの重要性を強調し、同社のHPC向けGPU「Ponte Vecchio」を例に挙げて、異なるプロセスで製造されたチップレットを集積することで高性能を実現していると述べた。

　ASE GroupのC.P Hung氏は、UCIeの登場により、チップレットをより自由に集積できるようになったと述べ、HIに対応した実装技術を提供することを表明した。

情報通信システムの革新

　AIの研究者であるIBMのRama Divakaruni氏は、AIの進化において後工程技術の革新が重要であると述べ、AI関連の処理システムでのデータ伝送の高速化にHIが必要不可欠であると

強調した。NTTの竹ノ内弘和氏は、同社のIOWN構想について解説し、光電融合デバイス技術がネットワークとコンピューティング領域に変革をもたらすと述べた。

図3-2　NTTのIOWN構想

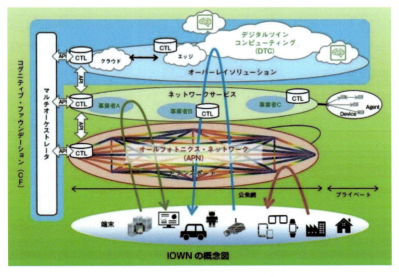

（出所：https://journal.ntt.co.jp/article/477）

　総じて、半導体業界における後工程技術の進化は、システムアーキテクチャの変革とAI技術の進化を支える重要な要素であることが明らかとなった。後工程技術の高度化により、半導体チップの性能向上とコスト削減が実現され、次世代の情報通信システムが新たなレベルに到達することが期待されている。

(まとめ) 半導体の進化を支える後工程開発3つのポイント

1. **チップレット技術の重要性**：チップレット技術を活用することで、コスト削減と性能向上が可能になります。システム開発の要求に応えるため、前工程と後工程のシームレスな融合が求められています。
2. **ヘテロインテグレーション（HI）の価値**：異なるプロセスで製造されたチップレットを集積することで、性能とコストの最適化が図れます。HIは、償却済ラインの価値を高める可能性もあります。
3. **情報通信システムの革新**：高密度実装やHI技術が、AIや次世代情報通信システムの進化を支えます。光電融合デバイス技術などが、未来の高速大容量通信を実現します。

これらの視点が、半導体技術のさらなる発展を後押しします。

（2023年1月）

3-2. PSB接続技術で日本半導体産業をプロモーション

チップレット集積技術の重要性

　現代の半導体技術は目覚ましい進歩を遂げている。特に「ムーアの法則」に基づいて、約2年ごとにチップ上のトランジスタ数が倍増し、これによってIC（集積回路）の性能も飛躍的に向上している。しかし、トランジスタの微細加工技術が原子レベルのサイズにまで達する現在、その限界が見え始めている。このため、従来の微細化技術に代わる新しい方法として「チップレット集積技術」が注目されている。この技術は、1つの大きなチップではなく、複数の小さなチップレット（チップの断片）を組み合わせることで、性能の向上やコスト削減、多様なニーズへの柔軟な対応を実現するものである。

　例えば、チップレットごとに異なる構造や製造プロセスを採用することで、それぞれのチップレットが最適化され、全体としての性能向上が期待できる。また、必要に応じてチップレットの組み合わせを変更できるため、特定のアプリケーションや用途に応じたカスタマイズが容易に行える。

栗田教授のシンプルな接続技術

　チップレット技術を実用化するためには、チップレット間の接続技術が非常に重要である。従来の技術では、チップレット間を接続するために「インターポーザ」と呼ばれる中間層が必要であったが、これには高密度の配線を含むため、製造工程が非常に複雑でコストがかかる。栗田特任教授が開発した「Pillar-Suspended Bridge（PSB）」技術は、このインターポーザを不要とするシンプルな接続技術である。

　PSB技術では、シリコン・ブリッジを「MicroPillar」と呼ばれる金属柱で支える構造を採用している。この構造により、チップレット間の接続が容易になり、製造工程が簡素化され、コスト削減が可能となる。また、インターポーザを使用しないため、チップレットの数を増やしてもスケーラビリティが高く、大規模な集積システムの構築が容易である。

　この技術の利点は、製造プロセスが簡素であることから、製品の生産コストを抑えることができる点である。さらに、シンプルな構造でありながら高性能を維持できるため、多様な用途に対応できる柔軟性を持っている。

図3-3 従来のチップレット集積構造と栗田特任教授が開発した Pillar-Suspended Bridge（PSB）構造を用いた集積構造の比較（いずれも断面図）

（出所：https://www.oi-p.titech.ac.jp/content-articles/1071/）

PSB技術による産業活性化

　栗田特任教授は、PSB技術のコンセプト実証のためにサンプルを作製し、その効果を確認した。2個のチップレットを接続した集積体を多数製造し、パネル上での反りや変形をコントロールしつつ、高密度な接続を実現するための構造とプロセス設計を行った。これにより、目指していた集積構造の作製に成功し、製造工程の効率化と性能向上を実証した。

　PSB構造は、配線層を重ねることでさらなる機能向上が可能であり、AIやHPC（高性能計算）、自動運転などのハイエンドアプリケーションに適用できると期待されている。また、信頼性も高いことから、コンシューマ向けや産業向けなど、幅広い用途に使用できる可能性がある。

図3-4　PSBによるチップレット集積構造のコンセプト実証サンプル

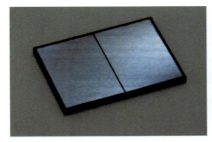 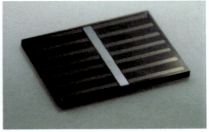

左は2個のチップレットが露出している面。右はブリッジ（中央）と電極端子群が露出している面。サイズは約 10mm x 15mm × 0.5mm。

（出所：https://www.oi-p.titech.ac.jp/content-articles/1071/）

栗田特任教授は、PSB技術を活用して日本の半導体産業を活性化するため、2022年10月に「チップレット集積プラットフォーム・コンソーシアム」を立ち上げた。このコンソーシアムには、すでに数十の企業や東京工業大学、大阪大学、東北大学などの研究機関が参加しており、産学連携で技術開発を進めている。

コンソーシアムは、装置・材料から集積ファウンドリ、設計およびアプリケーション開発までのバリューチェーンを構築し、各段階での研究開発を共同で進めることを計画している。具体的には、HPCなどのアプリケーションのニーズを把握し、それに基づいたシステム最適化やハードウェア開発を行うことで、より高性能な半導体集積回路を提供することを目指している。

栗田特任教授は、「チップレット集積技術の国際競争は激化しているため、日本がこの競争に勝ち残るためには、強力な組織力が必要である」と強調している。また、多くの企業にコンソーシアムへの参加を呼びかけており、特に製造中心の企業とシステムやファブレス半導体企業との共同研究を通じて、実際のニーズを把握し、より良い製品の開発を進めていきたいと述べている。

(まとめ) PSB技術について

1. チップレット集積技術：

ムーアの法則の限界：微細化が難しくなり、IC性能向上の新たな方法として注目。

チップレット集積：構成要素ごとに小さいチップを作り、密に接続。異なる構造や製造法を採用可能。

2. シンプルな接続技術：

課題：チップレット間の接続方法。

PSB技術：インターポーザ不要のシンプルな接続技術。MicroPillarでシリコン・ブリッジをぶら下げる構造。

3. PSB技術の実証と応用：

サンプル作製：高密度接続を実現するための構造・プロセス設計。

応用範囲：AI/HPC、自動運転、コンシューマ向けなど。

4. コンソーシアムの設立：

目的：日本のチップレット集積技術の向上と産業化。

参加企業・大学：東京工業大学、大阪大学、東北大学など。

（2023年3月）

3-3. TSMCとASEのヘテロジニアスインテグレーション技術、等への貢献

半導体業界におけるチップレット・エコシステムの進展

　半導体業界では、従来のモノリシックなシステムオンチップ（SoC）に対する性能向上や低消費電力、設計の柔軟性といったメリットを目指し、包括的なチップレット・エコシステムの構築が進められている。特に、ヘテロジニアスインテグレーション（HI）が大きな課題とされており、この分野での進展には業界全体の協力が重要とされている。SEMICON Taiwan 2022のHeterogeneous Integration Summitでは、業界の専門家が集結し、チップレット・エコシステムの成長と課題克服について議論した。

　ASE GroupのC.P.Hung氏は、半導体の発展において効率的なシステムインテグレーションが重要であり、ホモジニアスとヘテロジニアスのインテグレーション技術を掘り下げることの重要性を強調した。

加速するチップレット技術

　半導体パッケージング・組立技術動向に特化した市場調査会社TechSearchの社長であるJan Vardaman氏によれば、チップレットを使用することでIC設計者はより柔軟で低コストなデバイスを製造できるようになる。チップレットは最先端技術に依存せず、コスト効率の良いプロセスで製造できるため、チップ製造コストの低減につながる。

　しかし、各メーカーが独自にチップレットを開発しているため、相互運用性や互換性の問題が生じている。UCIe規格の発表は、この問題を解決し、チップレットのエコシステムを統一するための重要な一歩となっている。

　AMDのRaja Swaminathan氏は、ヘテロジニアスインテグレーションへの移行が市場の需要によって促進されると述べている。プロセッサの高性能化要求に応えるために、AMDはチップレット技術を利用して、コストとスケーリングの課題を克服し、市場の需要に応える製品を開発した。

　ASE GroupのWilliam Chen氏は、チップレット・エコシステムの発展には、業界の研究成果を教育システムに移行することが不可欠であると強調している。チップレットの設計を学ぶ学生の育成が、未来の技術発展において重要であると述べている。

　LogoCadenceのDon Chan氏は、チップレットがIC設計にパラダイムシフトをもたらしたと述べている。SoCをチップレットに分解し、パッケージング技術で統合することで、消費電力・性能・面積（PPA）のバランスを取る道が開かれた。しかし、チップレットのインターコネクト構造設計や放熱問題など、新たな課題にも対処する必要がある。

　MediaTekのHW Kao氏は、チップレット技術がIC設計を「カクテルのミキシング」に変

えたと述べている。異なる材料をミックスしてユニークな製品を作ることができるため、コスト削減や生産歩留まりの向上が実現している。

液浸冷却に大きな期待

チップレット技術は、半導体製造における重要な技術的潮流となったが、デバイスのオーバーヒート問題を複雑化させる可能性がある。WiwynnのSunlai Chang氏は、産業全体が協力して放熱方法の改善に取り組む必要があると述べている。同社は液浸冷却ソリューションを開発し、電子部品とマザーボード全体を冷却液に浸すことで、将来の放熱方法として期待されている。

CPOが消費電力低減のカギに

データ伝送を担うI/Oユニットも大きな熱源であり、コンピューティング性能の向上とI/O帯域幅の拡大により、I/O消費電力の削減が課題となっている。Cisco SystemsのJie Xue氏は、シリコンフォトニクスなどのCPO（Co-Package Optics）技術が、データ伝送の消費電力を劇的に削減できると述べている。

CPO技術は、CMOSプロセスによるロジックユニットと光電・光学部品を高度なパッケージング技術で統合することで、広い通信帯域と低消費電力を実現するものである。

TSMCの最新CoWoSソリューション

TSMCは、CoWoS（Chip on Wafer on Substrate）技術の最新動向を紹介した。同社はHPC顧客のニーズに応えるため、CoWoSパッケージング技術を開発し、現在ではCoWoS製品ファミリーを提供している。TSMCの顧客は、性能、高密度配線、コスト効率の向上を求めている。

CoWoSは、シリコンインターポーザから有機インターポーザに進化し、低インピーダンス配線による応答速度と消費電力の改善を実現している。パスコンの組み入れにより、大電力システムの集積にも適している。

ハイブリッド・ボンディングの取り組み

Heterogeneous Integration Summitでは、Applied Materials、Brewer Science、EVG、Lam Research、SPIなどの企業が講演を行い、ハイブリッド・ボンディング技術について議論した。ハイブリッド・ボンディングは、配線密度の要求に応えるための重要な技術であり、量産導入に向けた技術課題の解決が進められている。

ハイブリッド・ボンディングの技術課題を解決することで、大きな市場機会が生まれると期

待されている。装置や材料からテストや測定に至るまで、様々な段階で新しいソリューションが提案されている。

（まとめ）TSMCとASEのヘテロジニアスインテグレーション技術への貢献
- **業界協力の重要性**：TSMCとASEは、チップレット技術の課題克服に向けた業界協力を強調。特に、システムインテグレーションの効率化が重要とされています。
- **技術革新とコスト削減**：チップレット技術は、柔軟で低コストなデバイス製造を可能にし、製造コストの低減に寄与。TSMCのCoWoS技術は、高密度配線やコスト効率の向上を実現。
- **教育と人材育成**：ASEは、チップレット技術の発展には教育システムへの移行が不可欠とし、次世代の技術者育成を強調。
- **冷却技術の進化**：液浸冷却技術の開発が進行中で、放熱問題の解決に向けた新しいソリューションが模索されています。

（2023年3月）

3-4. チップレットを活用すれば、開発のハードルは格段に下がるだろう

半導体チップを独自開発する企業が増えているのは、IT、自動車、金融など、多岐にわたる業界で見られる傾向である。独自チップを開発する企業は総じてトップ企業であり、スマート化が進む中、自社製品の機器やサービスの付加価値を高めることが競争力の源泉となっている。半導体開発に膨大な資金が必要であるが、これを背景にしたトップ企業は、強いビジネス体制を構築するために独自チップ開発を行っている。

独自チップの開発はトップ企業の証
多くの機器メーカーやサービスプロバイダーは、独自開発した半導体チップを利用している。Appleは自社製スマートフォン「iPhone」やパソコン「Mac」のために独自開発したSoC「Aシリーズ」や「Mシリーズ」を使用しており、その成功例は業界で広く知られている。GoogleもAIチップ「TPU」を開発し、高性能なクラウドサービスを提供している。自動車業界ではTeslaが自動運転システムのAIチップ「D1」を独自開発し、自動運転車の性能向上に寄与している。金融業界でもGMOインターネットが暗号資産のマイニング専用チップを開発するなど、各業界で独自チップ開発が進んでいる。

図3-5 Apple のパソコン向け独自チップ「M シリーズ」

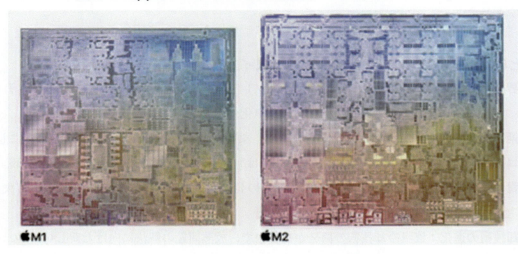

（出所：https://www.tel.co.jp/museum/magazine/report/202305_01/）

最先端チップはシステムそのもの、だからこそ独自開発したい

　IT業界や自動車業界の企業はビジネス環境の変化に柔軟に対応するため、ハードウェア開発よりもソフトウェア化やクラウド化を重視する傾向にある。しかし、トップ企業は競争力を維持するために、半導体チップの独自開発に積極的である。最先端の半導体チップは数十億個のトランジスタを集積しており、システムそのものとなっている。このため、標準仕様のチップでは競合他社との差異化が難しい状況である。独自チップの最適設計によって、ビジネス上の優位性を確保することが重要である。

独自チップ開発のハードルを下げるチップレットとRISC-V

　独自チップの開発には高度な技術と巨額の資金が必要だが、チップレットとRISC-Vの利用がそのハードルを下げている。チップレット技術により、大規模回路を小規模な回路に分割し、必要な部分だけを設計することで、開発の手間とコストを削減できる。また、RISC-Vはオープンソースのプロセッサコアであり、ライセンス料やロイヤリティが不要なため、独自仕様にカスタマイズしやすい。これらの技術により、より多くの企業が独自チップ開発に取り組むことが可能になっている。

（まとめ）独自半導体チップの開発

・**独自チップの開発の重要性**：AppleやGoogleなどのトップ企業は、独自の半導体チップを開発し、競争力を高めています。これにより、製品やサービスの付加価値を向上させ、競合他社との差別化を図っています。

- **チップレットとRISC-V**：チップレット技術やRISC-Vの利用により、独自チップ開発のハードルが下がり、より多くの企業が参入可能になっています。これにより、業界全体の競争が活性化しています。
- **自動車業界の例**：Teslaやトヨタなどの自動車メーカーも独自チップを開発し、自動運転技術や車載システムの性能を向上させています。

独自チップの開発は、企業の競争力を大きく左右する重要な要素となっています。特にチップレット技術やRISC-Vの普及により、より多くの企業が独自チップ開発に取り組むことができるようになり、業界全体のイノベーションが加速しています。この動きは、消費者にとってもより高性能で多機能な製品が提供されることにつながるでしょう。

図3-6　独自チップの開発は企業の競争力を決定する重要な要素

（出所：サーフテクノロジー作成）

（2023年5月）

3-5.　ワールドワイド半導体業界に向かって、アオイ電子は、チップレットによって技術革新

　半導体の世界には有名な法則がある。インテル創業者の1人ゴードン・ムーア氏が1965年に提唱した「ムーアの法則」と呼ばれるもので、半導体の性能は2年で2倍に進化するという考え方である。この法則は、半導体を構成するトランジスタの寸法を小さくし、集積度を高めることで実現してきたが、限界に近づいている。微細化とは異なる手法を模索する中、カギを握る企業の一つが香川県高松市に本社を構える「アオイ電子」である。創業以来半世紀、電子部品を通して人々の暮らしに関わってきた老舗企業であるアオイ電子が、チップレット技術を活用して半導体業界に革新をもたらそうとしている。

図3-7　アオイ電子が手がける半導体集積回路

（出所：https://journal.meti.go.jp/p/28756/）

新分野、「中工程」に照準を

　アオイ電子が注目を集めるきっかけとなったのは、「チップレット」と呼ばれる集積技術である。これは一つのチップに多くの機能を詰め込むのではなく、複数のチップを接続して一つのチップのように機能させる技術である。木下和洋社長は、アオイ電子が提唱する「Pillar-Suspended Bridge（PSB）」というシンプルで効率的な接続方法に自信を示している。半導体の製造は、シリコンウェハの上にトランジスタで回路を形成する「前工程」と、ウェハを切り出し研磨・配線・封止などを施して使える状態に仕上げる「後工程」に区分されるが、チップレット技術の登場により、その境界が曖昧になり、「中工程」と呼ばれる新しい分野が生まれている。アオイ電子は、この「中工程」において存在感を確保することを目指している。

「技術屋」の活躍の場

　アオイ電子は1969年に創業者の大西通義氏によって設立され、カーボン皮膜固定抵抗器をはじめ、トランジスタやダイオードなどの生産を通して成長してきた。木下社長は2022年6月に3代目社長に就任した。技術者としての経験はないが、管理部門での豊富な経験を持ち、技術者の力を最大限に引き出すことを目指している。技術系の社員に対して「社長にお任せではだめ。だから皆さんの活躍の場は広がるはずだ」と激励し、若手技術者の登用を進めている。

大学や他企業との連携

　アオイ電子は大学や他企業との連携を強化している。2022年10月には、東京工業大学、大阪大学、東北大学を中心に、アオイ電子を含む30近い企業が参加する「チップレット集積プラットフォーム」が発足し、共同研究を進めている。国際的な学会での発表も行い、海外メーカーからも高評価を得ている。こうした連携を通じて、アオイ電子は市場に向けた新たな「チップレット」集積技術を提案している。

人材育成の重要性を強調

　地方企業として最も大きな課題は人材の確保である。木下社長は人材育成の重要性を強調し、社長直轄の人材開発室を新設した。従業員の能力・技能を公平・公正に評価し、各自の成長を支援するプログラムを策定している。地元出身者のUターンや四国内のIターンを中心に新卒採用を行っているが、東京に研究拠点を設けることも検討している。

地元に根ざしながらも世界で商売をする企業

　アオイ電子は地元への貢献も重視している。創業者の大西氏は公益財団法人「大西・アオイ記念財団」を設立し、地元の大学生に返済不要の奨学金を支給している。また、茶道の普及やサイエンスクラブの設立など、地域社会への貢献活動も行っている。木下社長は、「地元に根ざしながらも世界で商売をする企業」として、積極的に外に打って出る姿勢を強調している。

（まとめ）アオイ電子の技術革新

- **ムーアの法則の限界**：半導体の微細化が限界に近づき、新たな技術が求められている。
- **チップレット技術**：アオイ電子が開発する「チップレット」は、複数のチップを接続して一つのチップのように機能させる技術で、生産性が高い。
- **人材育成**：地方企業として人材確保が課題で、東京に研究拠点を設けることも検討中。社長直轄の人材開発室を新設し、従業員の能力向上を図る。
- **地元貢献**：創業者が設立した財団を通じて奨学金を支給し、地域文化の普及活動も行っている。

（2023年8月）

3-6. ファラデーのチップレットも含む先進実装サービスの意義

　ASIC設計およびIPプロバイダーの大手であるファラデーテクノロジー（TWSE：3035）は、2.5Dおよび3Dの先進実装サービスの運用開始を発表した。この発表は、ファラデーが半導体業界において新たな技術革新をもたらすための重要な一歩である。

2.5Dと3Dの先進実装サービス

　ファラデーテクノロジーは、独自のチップレット接続用インターポーザ製造サービスを提供しており、トップレベルのファウンドリおよびOSATサプライヤーと緊密に連携している。これにより、製造能力、製造量、品質、信頼性を確保し、製造スケジュールを守ることで、マルチソース・ダイの円滑な統合を実現している。特に2.5Dおよび3Dの実装技術においては、

これまでの技術的制約を克服し、プロジェクトの成功に寄与している。

　2.5D実装技術では、複数のダイを高密度に配置し、それらをインターポーザ上で接続することで、高い集積度と性能を実現している。3D実装技術は、複数のダイを垂直方向に積層し、TSV（シリコン貫通電極技術）を用いて接続することで、さらなる小型化と高性能化を達成している。これにより、ファラデーは半導体製品の性能向上と効率的な製造を両立させることができる。

柔軟なビジネスモデルと戦略的連携

　ファラデーは技術提供にとどまらず、顧客の2.5Dや3Dの実装プロジェクトに応じて柔軟なビジネスモデルを提案している。中立的かつ戦略的な視点から、マルチソース・チップレットやパッケージング、製造の先進実装サービスにおいて柔軟性と効率を高めている。また、UMCをはじめとする台湾の優れたOSATベンダーと長期的な連携を取ることで、TSVを利用したパッシブおよびアクティブ・インターポーザのカスタム製造を支援している。これにより、2.5Dおよび3Dの実装ロジスティクスを効率的に管理することが可能である。

　ファラデーは、ダイのサイズ、TSV、バンプのピッチと数、フロアプラン、サブストレート、パワー分析、熱シミュレーションといったダイ情報に基づき、チップレットとインターポーザの実装可用性についての研究を行っている。こうした包括的な分析は、初期段階でプロジェクトごとに最適な実装構造を見つけることを可能にし、先進的な実装の成功見込みを高めている。

チップ統合の可能性とサプライチェーン管理

　ファラデーの最高執行責任者（COO）を務めるフラッシュ・リンは、「当社はお客様がチップ統合の可能性を再評価するお手伝いをしている。SoC設計の専門知識を活用し、30年に渡る持続可能なサプライチェーン管理の経験による裏打ちをもって、先進実装市場の厳しい要求を念頭に置いた製造品質をお約束している」と述べている。

　ファラデーの強みは、技術的な専門知識と長年のサプライチェーン管理経験を活かし、顧客に高品質な製品とサービスを提供する点にある。これにより、顧客はチップ統合の可能性を再評価し、2.5Dおよび3Dの先進実装技術を活用することで、製品の性能向上とコスト削減を実現できる。

（まとめ）ファラデーの先進実装サービスの意義

　・**技術的優位性：**ファラデーは2.5Dおよび3D実装技術を提供し、チップレット接続用インターポーザ製造サービスを実施。これにより、複数のダイを円滑に統合し、製造品質と信頼性を確保します。

- **柔軟なビジネスモデル**：顧客の異なるニーズに応じた柔軟なビジネスモデルを提案し、マルチソース・チップレットやパッケージングの効率を高めます。
- **長期的なパートナーシップ**：台湾の優れたOSATベンダーと連携し、TSV技術を利用したカスタム製造を支援。これにより、実装ロジスティクスを効率的に管理します。
- **包括的な分析**：ダイ情報に基づく詳細な分析を行い、プロジェクトごとに最適な実装構造を見つけ、成功見込みを高めます。

図 3-8　ファラデーテクノロジーのイメージ

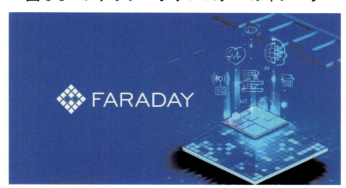

（出所：https://www.faraday-tech.com/jp/content/index）

（2023年9月）

3-7. IntelとAMDのチップレット技術の違い

チップレット技術の背景

　2023年に注目されるチップレット技術は、異なるメーカーが多様なチップレットを組み合わせることで、半導体製造の効率を高めることを目的としている。この技術は、従来のモノリシックなプロセッサ設計に代わり、複数の独立したチップレットを組み合わせることで、製造コストを抑えながら高性能を実現するものである。ChipletzやTenstorrentといった企業が積極的に参入し、特にOCP（Open Compute Project）とJEDEC（Joint Electron Device Engineering Council）が共同で標準化手段としてOCP CDXMLを発表したことで、異なるメーカーのチップレット間の互換性が向上する見込みである。これにより、異なる企業間でのチップレットの交換が容易になり、多様な用途での採用が期待されている。

Intelのチップレット技術

- **Meteor Lake：**

　IntelのMeteor Lakeは、4種類のタイル（CPU、IO、Graphics、SoC）とベースタイルの5

種類のタイルから構成されている。これは、UCIe（Universal Chiplet Interconnect Express）を使用せず、Foverosのような3Dパッケージ技術を採用している。

チップレット化により、各タイルごとに最適なプロセス技術を使用できるため、設計や製造コストの低減が期待される。例えば、CPUタイルには最新のプロセス技術を用い、I/Oタイルには成熟したプロセス技術を用いることで、全体のコストを抑えつつ高性能を実現している。

具体的な例として「Ponte Vecchio」があり、16個のコンピュートタイルと複数のキャッシュタイルなどで構成される。このような構造により、検証と歩留まりの改善が図られており、各タイルの機能ごとに最適化されたプロセス技術が利用されている。

・Xeon Scalable：

一方で、IntelのXeon Scalable（特に「Sapphire Rapids」）は、4つのタイルにメモリコントローラやPCIe/CXL、UPI、アクセラレータが統合されている。この設計により、各タイルが独立して高性能を発揮するが、全体として設計の複雑さが増し、歩留まりの低下が問題となる。

Granite Rapidsでは、メモリコントローラがタイルに内蔵されており、チップレットの数に応じてメモリのチャネルが変化する。この点で、AMDのEPYCとは異なり、柔軟性が低い。EPYCは、メモリコントローラをIOD（I/O Die）に移すことで、より柔軟なメモリ管理を実現している。

Sapphire Rapidsのタイルサイズは400平方mmと大きく、設計の効率性に欠ける。これは、各タイルに多くの機能を詰め込む必要があるためであり、その結果として、製造コストや検証の手間が増加する。

図3-9 左からSapphire Rapids XCC/Sapphire Rapids HBM/Ponte Vecchio

（出所：https://pc.watch.impress.co.jp/docs/column/tidbit/1531382.html）

AMDのチップレット技術
・EPYC：

AMDのEPYCシリーズは、Infinity Fabricを使用してチップレット間を接続し、メモリコントローラをIODに移すことで柔軟性を高めている。これにより、各CCD（Core Complex Die）が単純な構成を保ちつつ、高いパフォーマンスを実現している。

各CCDはCPUコアとL3キャッシュのみを持ち、異なる数のCCDを組み合わせることで製品の多様性を実現している。例えば、低価格モデルから高性能モデルまで、同じ基本設計を用いながら、異なる構成で多様な市場ニーズに対応している。

メモリコントローラをIODに移すことで、どの製品でも一貫したメモリチャネルの利用が可能となり、設計の効率性が向上している。これにより、メモリ管理の柔軟性が増し、製品開発のスピードが向上する。

技術的な特性と応用
・Intel：チップレットごとに機能を分離し、最適なプロセス技術を使用することで、製造コストの低減と歩留まりの改善を図っている。しかし、巨大なダイ設計がネックとなり、検証や歩留まりに課題が残る。特に、各タイルに多くの機能を統合することで、設計の複雑さが増し、その結果として、製造コストが高くなる傾向がある。

・AMD：Infinity Fabricを介した接続により、柔軟でコスト効率の高い設計を実現している。特にEPYCシリーズでは、各CCDが単純な構成を持つことで、設計の効率性が高く、多様な製品ラインナップを提供できる。このアプローチにより、AMDは製品の多様性を保ちながら、製造コストの抑制と高いパフォーマンスを実現している。

将来の展望
・Intel：巨大ダイ路線からの脱却が期待されている。特に2026年に投入予定の製品で、新しい設計哲学の導入が注目されている。これにより、製造コストの低減と歩留まりの改善が期待されており、Intelの製品競争力が向上する可能性がある。

・AMD：柔軟でコスト効率の高いチップレットアーキテクチャを継続的に進化させ、さらなる市場拡大が見込まれる。AMDは、既存の設計哲学を基に、新たな技術やプロセスを取り入れることで、製品の競争力を維持し、さらなる成長を目指している。

IntelとAMDのチップレット技術には、それぞれのアプローチに基づく設計と戦略の違いがある。これらの違いが最終的な製品性能や市場への影響にどのように表れるかは、今後の動向を注視する必要がある。Intelの巨大ダイ設計とAMDの柔軟なチップレットアーキテクチャの対比は、半導体業界における技術革新の方向性を示すものであり、今後も両者の競争が続くこ

とが予想される。

図 3-10 タイルのサイズは 25.2 × 30.9mm、778.7 平方 mm

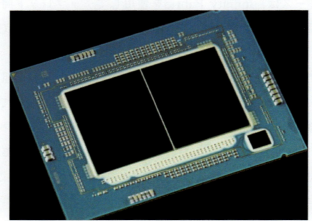

（出所：https://pc.watch.impress.co.jp/docs/column/tidbit/1531382.html）

（まとめ）IntelとAMDのチップレット技術の違い

1. Intelのアプローチ

技術：Intelは、EMIBやFoverosなどの高度なパッケージング技術を活用し、複数のタイル（CPU、IO、Graphics、SoC）を組み合わせた製品を開発しています。

性能：巨大なダイを分割してつなぎ合わせるアプローチにより、CPU同士の通信の遅延が少なく、メモリコントローラへのアクセスも高速です。しかし、複雑な検証作業やダイサイズの肥大化に伴う歩留まりの悪化が課題となっています。

市場評価：高性能を追求する一方で、製造コストや検証の手間が増大し、市場投入までの時間が長くなることが懸念されています。

2. AMDのアプローチ

技術：AMDは、Infinity Fabricを利用してCCD間やメモリコントローラを接続し、柔軟性とコスト削減を実現しています。また、チップレット毎に最適なプロセスを選び、設計及び製造コストの低減化を図っています。

性能：チップレットのメリットを最大限に活かし、歩留まりの向上や設計・検証の容易化を実現しています。大容量L3キャッシュの効果で、レイテンシの増加を最小限に抑えています。

市場評価：柔軟な設計とコスト効率の良さが評価されており、市場での競争力が高まっています。

3. 影響

性能：Intelは高性能を追求する一方で、複雑な設計と高コストが課題です。AMDは柔軟性コスト効率を重視し、バランスの取れた性能を提供しています。

市場評価： Intelは高性能な製品で市場の一部をリードしていますが、製造コストや検証の手間が市場投入の遅れにつながることがあります。AMDはコスト効率の良さと柔軟な設計で市場の評価を高めています。

（2023年9月）

3-8. AMD Radeon RX 7000、チップレット構造のデメリットの将来展望

基本要素とモノリシック構造

　まず、CPUとGPUに共通で搭載されている要素と従来のモノリシック構造について解説する。CPUとGPUは基本処理とグラフィックス処理とで役割が異なるが、基本的な要素は共通である。計算処理を行うコア、処理データを一時保存するL1/L2/L3キャッシュ、メモリを制御するメモリコントローラ、各コンポーネントと接続を行うI/O、そして特定の処理を行うアクセラレータ（非必須）である。これらの要素をダイと呼ばれるチップ上にまとめて製造するのがモノリシック構造であり、従来のCPUやGPUで用いられてきた。

モノリシック構造の限界

　モノリシック構造はシンプルであるが、時代が進むにつれてデメリットが顕著になってきた。その一つがダイ面積の増大によるコスト増である。CPUやGPUの性能向上を図るためには、ダイの面積を広く取ってコアやキャッシュを増やすことが理想だが、ダイの面積を増やすと材料コストが増え、広い面積に数nmの細かなパターンを実装するため製造過程での欠陥率が高くなる。これを「レチクル・リミット」と呼び、大体800mmくらいが限界である。

　これまでは「プロセスルール」と呼ばれる内部の実装配線の幅を狭めることで全体の面積を抑える工夫がされてきたが、近年ではその限界に近づいている。また、最先端のプロセスルールで製造するためのコストも無視できないものとなっている。

チップレット構造とは

　チップレット構造はモノリシック構造とは異なり、複数のダイに要素を分けて製造し、製造後にインターコネクトを用いて接続し一つのパッケージにする技術である。代表例として、AMDのGPU「Radeon RX 7000シリーズ」の上位モデルがある。このGPUは以下のように構成されている。
・グラフィックエンジンとL1/L2キャッシュ、その他I/Oを搭載した1つのGCD
・メモリコントローラと巨大なL3キャッシュである「Infinity Cache」をまとめた6つのMCD
　これら2種類合計7つのダイで構成されている。

図3-11　AMD Radeon RX 7000 シリーズに採用されている「RDNA 3」アーキテクチャの簡易的な模式図

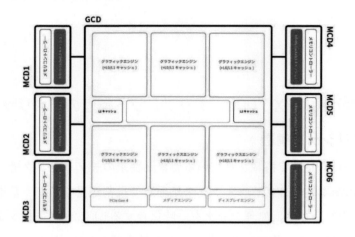

（出所：https://mono.madosyo.com/knowledge/what-is-chiplet-architecture/）

チップレット構造のメリット
1.　歩留まりの改善
　チップレット構造では分割した小さなダイを製造するため、製造難易度を低くできる。これにより、製造過程での欠陥発生割合が低くなり、歩留まりが改善される。これは、大きなピザを作るよりも、小さなピザを作って並べる方が簡単であることに例えられる。

2.　プロセスルールの混合利用
　モノリシック構造では単一のダイで製造を行うため、プロセスルールは1種類しか使用できないが、チップレット構造ではダイが分離しているため、ダイ毎にプロセスルールを変更できる。例えば、Radeon RX 7000シリーズでは、GCDは最先端のTSMC N5ノード、MCDは旧世代のTSMC N6ノードを使用している。これにより、生産性が向上し、環境負荷やコストを削減できる。

チップレット構造のデメリット
1.　インターコネクトなどの追加コスト
　チップレット構造では、ダイを分離し後で一つにするパッケージングが必要であり、その際に使うインターコネクトは高い転送レートを持たせる必要があるため、物的および技術的コストが発生する。しかし、このデメリットは、チップレット構造化によるコスト削減を下回るため、大きなデメリットとはならない。

2.　消費電力とレイテンシの増大
　ダイを分離しているため、ダイ間の通信においてはインターコネクトの性能によってパ

フォーマンスの低下やレイテンシの増大が生じる場合がある。また、物理的に距離が離れるため、電力のロスが生じ、電力効率も悪化する。AMDはこれまで、インターコネクトである「Infinity fabric」の改良やチップレット構造の改良、制御の改善により、これらのデメリットを最小限に抑える工夫を行っている。

以上がRadeon RX 7000でも採用されているチップレット構造の概要とメリット・デメリットである。今後、ダイ面積の増大が進むにつれ、チップレット構造のような従来とは異なるアプローチの重要性が増してくると予想される。

(まとめ) チップレット構造のデメリットの将来展望
1. インターコネクトの追加コスト
　チップレット構造では、ダイを分離し後で一つにするためのインターコネクトが必要です。これには高い転送レートが求められ、物的・技術的コストが発生します。しかし、これらのコストは多くの場合、チップレット構造によるコスト削減を上回ることは少ないです。

2. 消費電力とレイテンシの増大
　ダイ間の通信では、インターコネクトの性能によってパフォーマンス低下やレイテンシの増大が生じる可能性があります。また、物理的な距離が離れるため、電力ロスが発生し電力効率が悪化します。

3. 将来展望
　これらのデメリットを克服するため、AMDなどの企業はインターコネクト技術の改良や、チップレット構造自体の最適化を進めています。例えば、インターコネクトの「Infinity Fabric」の改良や、制御技術の向上により、レイテンシの影響を最小限に抑え、電力効率を改善する取り組みが行われています。将来的には、これらの技術革新により、チップレット構造のデメリットがさらに軽減され、より高性能で効率的なプロセッサが実現されることが期待されます。

（2023年10月）

3-9. ソシオネクストのチップレットにTSMC、ArmのNeoverse Compute Subsystems（CSS）技術活用

　ソシオネクストは2023年10月、2nm世代プロセスを用いたマルチコアCPUチップレットの開発において、ArmおよびTSMCと協業することを発表した。これにより、大規模データセンター用サーバや5G/6Gインフラストラクチャ、DPU、ネットワークエッジ市場向けに、2025年上期からエンジニアリングサンプル品の供給を始める予定である。

チップレット開発の背景

32コアCPUチップレットは、TSMCの2nmプロセステクノロジーとArmのNeoverse Compute Subsystems（CSS）技術を活用する。これにより、開発コストの低減と市場投入までの期間短縮を実現し、NeoverseコアやCMNメッシュ、システムIPなどが含まれる。

PoC（概念実証）とシステム設計

最先端のCPUチップレットPoCは、I/Oチップレットやアプリケーション専用チップレットを単一パッケージに実装し、コスト効率と高性能を実現する。ソシオネクストの吉田久人氏は、「チップレットはSoC設計を補完し、システムアーキテクチャの設計に新しい自由度をもたらす」と述べている。

ArmのNeoverse CSS技術の活用

ソシオネクストのチップレットは、TSMCの2nmプロセステクノロジーとArmのNeoverse CSS技術を活用し、複数のチップレットを単一パッケージに実装することで、高性能かつコスト効率の高いシステムを実現する。これにより、開発コストの低減と市場投入までの期間短縮が期待される。

未来の展望

ソシオネクストのチップレット技術は、顧客が多様なプラットフォームを展開することを可能にし、新しいシステムアーキテクチャの設計に自由度をもたらす。これにより、5G/6Gインフラストラクチャ、データセンター、ネットワークエッジデバイスなど、さまざまな分野での応用が期待されている。

図3-12　ソシオネクスト2nmチップレット（TSMC、Arm）

（出所：https://xtech.nikkei.com/atcl/nxt/column/18/00001/08661/）

（2023年10月）

3-10. 後工程で日本が再び半導体技術開発の最前線に

　半導体への関心が世界中で高まっているのは確かである。各国政府は、自国の半導体産業に巨額の予算を計上しており、日本でも大規模な政策支援が進められている。このような背景の中で、日本企業が半導体産業の主役になる大きな成長機会が訪れている。

「後工程」の日本の製造装置企業

　日本企業は、製造装置や材料の分野で高い優位性を持っている。半導体の製造工程は、シリコンウェハに回路を形成する「前工程」と、ウェハを半導体チップに切り分け、製品に仕上げる「後工程」に分けられる。日本企業は、特に切断や封止などの機械的な加工プロセスが多い後工程において強みを発揮している。しかし、これまで市場の大きさから、前工程への注目度が高く、製造装置販売額の8割以上を前工程向けが占めていた。

「後工程」で脚光を浴びる理由

　半導体は50年以上にわたり、ムーアの法則に従って集積化が進んできた。これまでの技術進化は回路の線幅を狭める「微細化」が中心であり、その主戦場が前工程であった。しかし、回路の線幅はウイルスの10分の1以下にまで達し、物理的・コスト的な限界が近づいている。これに対して、半導体の構造を立体化させる「モア・ムーア」や、微細化以外の方法で高性能化を目指す「モア・ザン・ムーア」といった取り組みが活発化している。特に注目を集めているのが「チップレット」と呼ばれる後工程の次世代技術であり、複数の半導体チップを組み合わせて一つのパッケージに収めることで、より低いコストで高性能化が可能となる。

我が国が再び半導体技術開発の最前線に

　チップレット技術の成功には後工程技術の更なる進歩がカギとなる。TSMCは2021年に、日本に初の海外R&D拠点を設立し、日本の材料や装置メーカーと連携して最先端技術の開発を進めている。2023年には、サムスン電子も日本での後工程試作製造ラインの新設計画を発表した。これらの動きは、日本企業が後工程用の製造装置や材料で高い優位性を持つことへの期待を示している。市場の拡大も見込まれており、製造装置販売額に占める後工程向けの比率は10年で倍増するとの予測もある。

結論

　2000年代以降、日本企業が微細化技術で世界をリードするのは難しくなったが、技術の力点が変わったことで、日本は再び半導体技術の最前線に立ちつつある。後工程市場の拡大は、

日本の半導体産業全体の成長にもつながる大きな機会であり、今後の動向に注目が集まっている。

(まとめ) 日本、再び半導体技術の最前線

　日本の半導体産業は、後工程技術の進展により再び注目を集めています。特に「チップレット」技術が注目されており、これは複数の半導体チップを組み合わせて一つのパッケージに収める技術です。この技術は、微細化に頼らずに半導体の性能を向上させることができるため、期待が高まっています。日本企業は製造装置や材料の分野で高い優位性を持ち、TSMCやサムスン電子などの大手企業も日本での研究開発や製造ラインの設立を進めています。これにより、日本は再び半導体技術の最前線に立つことが期待されています。

図 3-13　日本の半導体の後工程

（出所：サーフテクノロジー作成）

（2023年12月）

3-11. 日本サムスンのポスト 5G 情報通信システムを支える、HPC/AI 用プロセッサ向けの 3.xD チップレット技術開発

　日本サムスンは、ポスト5G時代の情報通信システムを支えるために、HPC（高性能コンピューティング）およびAI（人工知能）用プロセッサ向けチップレットモジュールの技術開発を進めている。本事業の目的は、処理性能向上のためのさらなる高集積化とチップ間データ転送帯域の向上、大面積化と製造性の向上によるコスト削減、さらに安定した電源供給の実現である。このために、日本サムスンは2.xDおよび3D技術を組み合わせた3.xDチップレット技術の開発を目指している。

開発内容

本事業の目的を達成するために、日本サムスンは専用のパイロットラインを構築し、以下の4項目の研究開発を実施することとなっている。

・**ファインピッチChip to Waferボンディング技術**：チップを効率よく3Dに実装する技術の開発。

・**高機能大面積樹脂インターポーザ技術**：より多くのチップを集積させるための大型化技術の開発。

・**大面積サブストレートの微細フリップチップ実装技術**：大型化しても反りを抑えて製造性を維持する技術の開発。

・**電源特性向上技術**：異種多チップモジュール内でも安定した電源を供給する技術の研究開発。

これらの項目において、日本サムスンは国内の材料および装置メーカーと緊密に連携し、3.xDチップレット関連技術の競争力を一層強化することを目指している。

結論

ポスト5G時代に向けて、日本サムスンはHPCおよびAI用プロセッサ向けの高集積化チップレット技術の開発を進めており、国内外のパートナーと協力して研究開発を推進している。これにより、情報通信システムの性能向上とコスト削減を実現し、将来的な市場競争力を高めることを目指している。

図3-14　3.xDチップレットモジュールの構造例

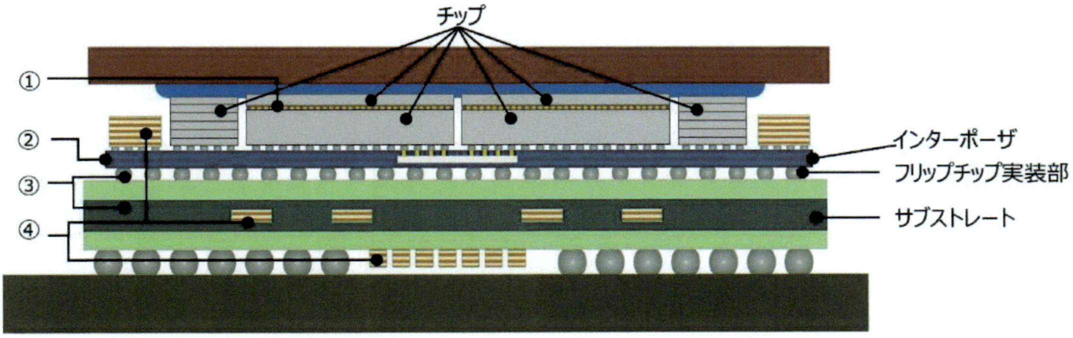

（出所：https://www.meti.go.jp/policy/mono_info_service/joho/post5g/pdf/231221_theme_01.pdf）

（まとめ）国内の材料・装置メーカーとの緊密な連携

このプロジェクトでは、ポスト5G情報通信システムを支えるHPC/AI用プロセッサ向けに3.xDチップレット技術を開発しています。特に重要な開発項目は、ファインピッチChip to Waferボンディング技術と高機能大面積樹脂インターポーザ技術です。これらの技術により、チップの高集積化とデータ転送帯域の向上が期待されます。国内の材料・装置メーカーとの緊

密な連携が進められており、日本の技術力が再び注目されることに感銘を受けました。

(2023年12月)

3-12. 自動車メーカーによるチップレット技術の活用

　自動車業界は技術革新の最前線に立ち続けており、その一環として新たな技術開発が進んでいる。2023年12月28日、自動車メーカーを含む12社は、自動車用先端SoC技術研究組合（Advanced SoC Research for Automotive、ASRA）を設立したと発表した。この組合の目的は、チップレット技術を応用した車載用SoC（System on Chip）の研究開発を行い、2030年以降に量産車に搭載することである。

チップレット技術の応用

　自動車用先端SoC技術研究組合が取り組む技術は、異なる半導体を組み合わせるチップレット技術である。この技術を用いることで、SoCの高性能化や多機能化が可能となり、製造時の歩留まりも改善される。さらに、自動車メーカーの要求に即したSoCを迅速に製品化できるというメリットがある。AI（人工知能）や演算性能、グラフィック性能など、必要な性能に応じてチップレットを追加実装することで、要求に最適なSoCを製品化することができる。ASRAは、2028年までにこのチップレット技術を確立することを目標としている。

参加企業とその役割

　自動車用先端SoC技術研究組合には、SUBARU（スバル）、トヨタ自動車、日産自動車、ホンダ、マツダ、デンソー、パナソニック オートモーティブシステムズ、ソシオネクスト、日本ケイデンス・デザイン・システムズ、日本シノプシス、ミライズテクノロジーズ、ルネサス エレクトロニクスの12社が参加している。これらの企業は、自動車メーカーが中心となり、高い安全性と信頼性を追求しながら電装部品メーカーや半導体ベンダーの技術と経験を結集し、最先端技術の実用化を目指している。

研究開発のアプローチ

　自動車用先端SoC技術研究組合では、自動車メーカー各社のユースケースに基づいて課題を抽出し、実用性の高い技術研究に取り組む。さらに、幅広いベンダーが参画することで、ターンキー（すぐに使える状態）の技術を確立することを目指している。また、産官学の連携を基盤とした技術研究体制を構築し、半導体人材の育成にも力を入れている。

結論

　自動車メーカーと関連企業が協力して進めるチップレット技術の研究開発は、自動車産業に新たな可能性をもたらすものである。2030年以降の量産を目指して、ASRAは先端技術の実用化と半導体人材の育成を推進し、より安全で高性能な車載用SoCの実現を目指している。

図 3-15　自動車のチップレット技術

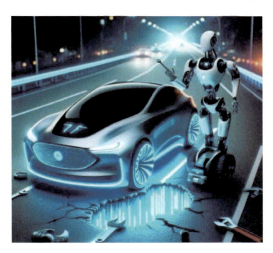

（出所：サーフテクノロジー作成）

（まとめ）自動車メーカーによるチップレット技術の活用

　チップレット技術は高性能化や多機能化、製造コストの削減に寄与し、自動車のSoC（System on Chip）を最適化するための重要な技術です。産官学の連携を通じて、技術の実用化と半導体人材の育成を進める姿勢が印象的です。日本の技術力が再び世界に注目されることを期待しています。

（2024年1月）

3-13. 技術の進歩がチップレットの実用化を一層促進

　現代のチップメーカーは、トランジスタ密度を高めることなくシリコン製造の限界を克服するために、先進的なパッケージングにますます注目している。このアプローチは、サイズが減少する中で歩留まりを改善し、異なるプロセスノードのダイとのハイブリッドデバイスを可能にする。しかし、2.5D/3D設計におけるインターコネクトの見通しの悪さは依然として大きな課題である。

配線不良を予測するための100%レーンカバレッジ

　エンジニアは、チップレット設計に多くの時間を費やすが、テストプログラムからアクセスできる内部ダイ・ピンがほとんどないことが判明する。従来のテスト方法は、テストモードでのみ有効であり、実際のシナリオでは不明確な点が多い。また、サンプルレーンしかカバーしていないため、重要な誤動作を見落とす可能性がある。SiP（システム・イン・パッケージ）でダイを組み立てる際、様々なD2D配線の欠陥が検出されない可能性がある。

ミッションモードでの100%レーンカバレッジ

　一般的なプラクティスでは、テストモードでのみサンプルレーンカバレッジを提供しているが、100％のレーンカバレッジがあれば品質リスクを回避できる。テストがミッションモードで実行できれば、エンジニアは実際の条件下で欠陥を検出できる。これにより、インターコネクトがフィールドで問題なく動作するという確信が得られる。

パラメトリックレーングレーディングによるインターコネクト故障予測

　一般的な試験方法の欠点は、出力が合格か不合格かの二択であることである。パラメトリックレーンのグレーディングは、レーンごとのマージナリティの評価を提供し、現在テストが合格している場合でも予備のレーンとの交換のためのパフォーマンスの閾値を設定することが可能である。これにより、製造ラインでの収量向上や品質・安全性の向上が実現し、フィールドでの寿命が延長される。

図 3-16　一般的な試験方法対パラメトリックレーンのグレーディング

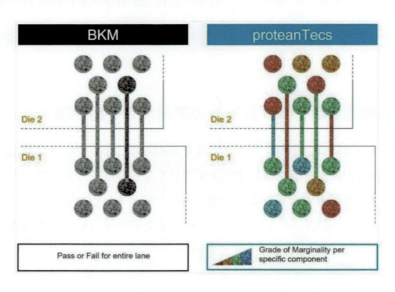

（出所：https://note.com/proteantecs_jp/n/nb32fba34ff6b）

proteanTecs D2D相互接続モニタリングソリューション

　proteanTecsでは、ミッションモードの100％レーンカバレッジとパラメトリックレーングレーディングを組み合わせたソリューションを提供する。これにより、多数のレーンそれぞれに何が起きているかを正確に把握し、テストモードでもミッションモードでも実際の条件下で実行可能である。専用のproteanTecsエージェントIPを設計に統合することで、完全なレーンカバレッジが可能である。

　測定値はデータ分析プラットフォームに送信され、いくつかのパラメータに基づいて各レーンを評価し、早期の故障予測が可能である。このようにして、製造ラインでの収量向上、品質・安全性の向上、フィールドでの寿命延長が実現する。

図3-17　インターコネクト・アイ・ダイアグラム

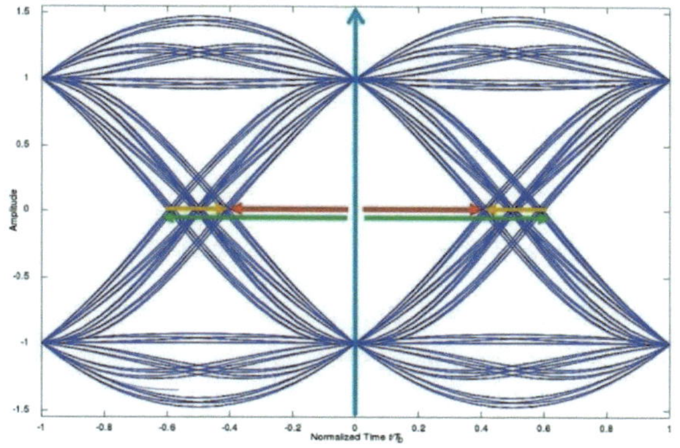

（出所：https://note.com/proteantecs_jp/n/nb32fba34ff6b）

結論

　ProteanTecsの100％カバレッジ・パラメトリック・レーン・グレーディング・インミッションモードは、ヘテロジニアスインテグレーション・テストにおける最も重要な課題であるインターコネクトの視認性の低さに対処する。このソリューションは、チップレットの品質、信頼性、安全性を高め、スペアレーンやレーン修復と組み合わせて歩留まりを向上させる。

（まとめ）チップレット技術の信頼性向上

　100％のレーンカバレッジとパラメトリックレーンのグレーディングを組み合わせることで、インターコネクトの欠陥を予測し、品質と信頼性を向上させる方法を紹介しています。これにより、製造時の歩留まりが改善され、フィールドでの故障を未然に防ぐことが可能になります。技術の進歩がチップレットの実用化を一層促進します。

注）
- **レーンカバレッジ**：レーンカバレッジとは、チップ内のデータ伝送路（レーン）すべてをテストや評価する範囲のことを指す。例えば、あるチップが100本のデータレーンを持っている場合、100％のレーンカバレッジを達成するためには、その100本すべてを網羅するテストを行う必要がある。全てのレーンをチェックすることで、チップの信頼性や品質を確保し、欠陥や不具合のない製品を提供することが可能になる。
- **サンプルレーンカバレッジ**：一方、サンプルレーンカバレッジとは、全てのレーンをテストするのではなく、一部のレーンのみをテストするアプローチである。これにより、テスト時間やコストを削減することができるが、全てのレーンを網羅しないために、見逃される欠陥が発生するリスクがある。例えば、100本のレーンのうち、サンプルとして20本のみをテストする場合、その20本が基準を満たしていても、残りの80本に欠陥がある可能性は否定できない。このため、サンプルレーンカバレッジは効率的ではあるが、信頼性や品質を完全に保証するものではない。
- **実際の適用**：現代の高度な半導体パッケージング技術において、レーンカバレッジの重要性が増している。特に、ミッションモード（実運用環境）での100％レーンカバレッジは、半導体の信頼性を保証するための重要な手段となる。これにより、実際の使用状況での動作を確実に確認し、潜在的な欠陥を早期に発見することができるのである。このように、レーンカバレッジは半導体チップの品質保証において非常に重要な要素であり、製造業者が高品質な製品を提供するための鍵となる。
- **パラメトリックレーン**：パラメトリックレーンとは、半導体やチップレットの設計およびテストにおいて、データの伝送路（レーン）ごとに詳細な性能評価を行う手法を指す。この手法は、単純にレーンが合格か不合格かを判断するだけでなく、各レーンの性能やマージナリティを評価することに重点を置いている。

（2024年1月）

3-14. チップレットに関する最近の動き（AMD/Intel）

パーツは「チップレット」と呼ぶ

　半導体の最先端プロセスにおいて、微細化の取り組みは今も続いている。特にEUV露光装置や新しいトランジスタ構造であるGAA（Gate-All-Around）の採用などが進展している。しかし、3nmプロセスの量産を進めているのはTSMCとSamsung Electronicsのみである。微細化が困難を極める中、半導体のさらなる性能向上に寄与する技術として、チップレットが注目されている。

従来、半導体の製造は単一のウェハ上にパターンを形成し、これを分割することで複数のチップを作製していた。しかし、異なるウェハやテクノロジーノードでCPUやGPU、メモリを製造し、それらをパッケージ基板上で電気的につなぎ合わせることでSoCを構成する技術が登場した。この技術における各パーツが「チップレット」と呼ばれる。

チップレットのメリット

SoCの搭載コア数が増加し、チップ面積が巨大化すると、歩留まりが低くなる問題が生じる。基本的に、歩留まりとチップ面積は負の相関があるため、チップレットを用いることでチップ面積を縮小し、歩留まりを向上させることが可能である。また、各機能に適したテクノロジーノードを使用することで、プロセッサコアには最先端ノードを、I/Oデバイスにはレガシーノードを用いることができる。

チップレットを用いることで設計が容易になり、他社製のチップを含めることも可能となるため、各社の得意分野を取り込んだチップ製造が実現する。

最近のチップレットに関する動向

AMDは2019年、チップレットを用いたサーバ用マイクロプロセッサ「EPYC」の第2世代品を発表した。この製品は7nmプロセスを用いたCCDと14nmプロセスを用いたIODが1チップに収まる構造となっている。また、クライアントPC向けの「Ryzen」にもチップレットを用いており、3D V-Cache Technologyを採用した製品を発表している。

同製品は、CCDの上に64MBのL3キャッシュメモリを積層し、TSVを採用している。AMDによると、2Dチップレットと比較して、相互接続密度が200倍以上に向上したという。

図3-18　3Dチップレット技術のイメージ

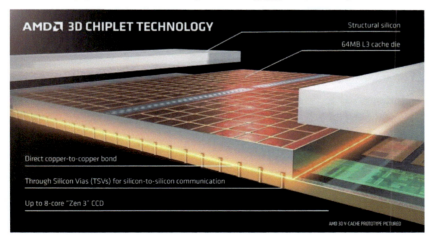

（出所：https://www.odt.co.jp/sustainability/trend/4358/）

Intelも2019年に、チップレットを用いた10nmプロセスFPGA「Agilex」を発表した。この製品は、10nmプロセスのFPGAチップレットのほか、16nmプロセスや20nmプロセスを用いたメモリやトランシーバーのチップレットを組み込んでいる。

図3-19　IntelのチップレットをいたFPGA「Agilex」の構成イメージ

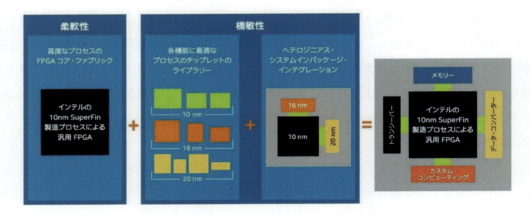

（出所：https://www.odt.co.jp/sustainability/trend/4358/）

　さらに、2022年3月にはAMDとIntelが業界団体「Universal Chiplet Interconnect Express」（UCIe）を設立した。Samsung Electronics、TSMC、ASE、arm、Google Cloud、Meta、Microsoft、Qualcommなども参画している。同団体はチップレット間の通信を標準化するもので、「UCIe 1.0」を発表した。この標準仕様の導入により、チップレットを用いたSoCの開発と製品化がさらに活発化することが期待される

図3-20　UCIeのロゴ

（出所：https://www.uciexpress.org/）

（まとめ）AMD/Intelの取り組み

・**AMDの取り組み**：AMDは2019年にサーバ用マイクロプロセッサ「EPYC」の第2世代品を発表し、7nmプロセスのCCDと14nmプロセスのIODを1チップに収めた。また、クライアン

トPC向けの「Ryzen」にもチップレットを採用し、3D V-Cache Technologyを用いた製品を2022年に発売。

- **Intelの取り組み**：Intelは2019年にチップレットを用いた10nmプロセスFPGA「Agilex」を発表。216nmや20nmプロセスのメモリやトランシーバーも組み込んでいる。
- **UCIeの設立**：2022年3月、AMDとIntelは「Universal Chiplet Interconnect Express」（UCIe）を設立。Samsung、TSMC、Google Cloudなども参画し、チップレット間の通信を標準化する「UCIe 1.0」を発表。

チップレット技術は、半導体の微細化が限界に近づく中で、性能向上とコスト削減を両立する革新的なアプローチです。特に、異なるプロセス技術を組み合わせることで、各機能に最適な性能を発揮できる点が魅力的です。UCIeの設立により、業界全体での標準化が進み、さらなる技術革新が期待されます。

（2024年1月）

3-15. 経済産業省の狙う、光電融合技術を用いたパッケージ内光配線技術の開発

実施者

日本電信電話、古河電気工業、NTTイノベーティブデバイス、NTTデバイスクロステクノロジ、新光電気工業。

概要

1. ポスト5Gで必要となる次世代情報通信システムを支えるため、ゲームチェンジにつながる先端半導体将来技術の研究開発として、**光電融合技術**を用いた**パッケージ内光配線技術**の開発に取り組む。
2. これを実現するために**光集積回路**（PIC）と**電子集積回路**（EIC）を高密度パッケージング技術を用い**ハイブリッド実装**した**光電融合デバイス（光チップレット）**の開発を行う。当該技術をロジックICを含む**パッケージ内光配線**に適用することで光ディスアグリゲーテッドコンピューティング等を実現し、システム全体のリソース削減により、低消費電力化を実現する。

図 3-21　提案する光チップレットの概要

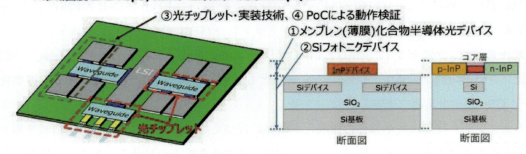

図 3-22　光チップレットの適用例

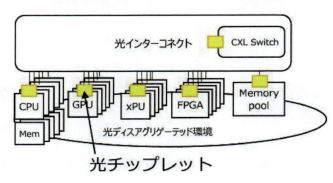

（各図の出所：https://www.meti.go.jp/policy/mono_info_service/joho/post5g/pdf/240130_theme_02.pdf）

パッケージ内光接続を実現するための開発項目

1. メンブレン化合物半導体光デバイスの開発（担当：日本電信電話、古河電気工業、（再委託：東京大学、慶應義塾大学））
2. Siフォトニクス技術の開発（担当：NTTイノベーティブデバイス、日本電信電話、（再委託：千歳科学技術大学、Aloe Semiconductor Inc.））
3. 光チップレット・実装技術の開発（担当：NTTデバイスクロステクノロジ、新光電気工業）
4. PoCによる動作検証（担当：日本電信電話）

本提案の特徴

　メンブレン化合物半導体光デバイスのSiフォトニクスへの集積に取り組むことで、次世代の高性能光通信技術を実現する。これにより、光デバイスに最適化された電子回路の設計を行い、さらにデバイス内蔵パッケージ技術を活用して光チップレット化を進める。光チップレット技術は、複雑な光デバイスを小型化し、効率的に機能させるための技術である。この技術の進展により、LSI（大規模集積回路）近傍における電気実装と光実装が可能となり、システム

全体の効率を向上させることができる。

　これらの製造技術からの開発は、次のような性能優位性を確保する。まず、帯域密度として1 Tbps/mm（テラビット毎秒パーミリメートル）という非常に高いデータ伝送密度を達成する。これは、現在の技術では難しい高い密度でデータを伝送する能力を持つことを意味する。さらに、エネルギー効率の面でも優れた性能を示し、2 pJ/bit（ピコジュール毎ビット）という低いエネルギー消費で動作する。このような高性能な光通信技術は、データセンターや通信インフラの省エネルギー化に寄与する。

（まとめ）経済産業省の狙い

　経済産業省は、ポスト5G時代の次世代情報通信システムを支えるため、光電融合技術を用いたパッケージ内光配線技術の開発を目指しています。これにより、光ディスアグリゲーテッドコンピューティングを実現し、システム全体のリソース削減と低消費電力化を図ることを目指しています。

（2024年1月）

3-16. 半導体業界の重大局面にあるチップレット技術のブレークスルー

　チップレット技術は、現在どのような状況にあるのだろうか？ムーアの法則に基づく微細化のコストメリットが薄れてきた現在、マルチダイヘテロジニアス実装のチップレット方式がSoC（System on Chip）設計に取って代わる時が来ているのだろうか。半導体業界がこの重大局面を迎える中、チップレット技術の実現に向けて悠長に事を進めているだけでは間に合わないかもしれない。

　これらの疑問に対する明確な答えはまだないが、一つだけ確かなことがある。データセンター、クラウドコンピューティング、生成AI（人工知能）など、大量のメモリと高速なチップ間通信を要求する計算集約型アプリケーションに対応するためには、マルチダイアーキテクチャがますます必要とされているということである。また、信頼性とコスト効果の観点から、自動車やゲーミングアプリケーションも、現行の先進パッケージソリューションをはるかに凌駕するソリューションを必要としている。

チップレットベースのSiP市場

　チップレット技術は、長年ニッチ市場として扱われていたが、2023年に重要なブレークスルーが見られた。成功したシリコン実装では、シリコンインターポーザのサイズ制限を克服し、マルチダイアーキテクチャの利点が実証されつつある。これにより、チップレットベースのシステムが従来のアドバンスドパッケージ技術よりも優れた帯域幅、電力効率、遅延を実現している。

大規模なSiP（System in Package）ソリューションを包含するチップレットベースのシステムは、低コストで高い歩留まりとエネルギー効率を実現する。フランスの市場調査会社Yole Groupは、チップレットベースのSiP市場が2027年には1350億ドル規模に成長すると予測している。さらに、データセンターGPUハードウェアに支えられた高速サーバコンピューティング市場では、年平均成長率が22％を維持すると見込まれている。

スタートアップ企業3社がチップレット実装に関する注目すべき取り組みを行っており、今後もチップレット技術の効率性と進歩が期待されている。

Bunch-of-Wiresチップレット技術

Eliyanは、BoW（Bunch-of-Wires）チップレット技術のパイオニアであり、標準有機パッケージにおいて40Gbps（ギガビット／秒）／バンプで動作し、130umピッチで2.2Tbps（テラビット秒）／mm以上のビーチフロント帯域幅を実現する5nmプロセスのシリコンデバイスを開発している。これは同社の「NuLink PHY技術」に基づいたもので、より微細なバンプピッチの標準パッケージでも利用可能である。

Eliyanのチップレットインターコネクト技術は、急速に普及しているUCIe（Universal Chiplet Interconnect Express）Die-to-Die（D2D）インターコネクト規格と互換性がある。さらに、NuLink PHY技術はHBM（High Bandwidth Memory）規格とも互換性を持つ。

Die-to-DieインターコネクトIP

チップレット向けD2DインターコネクトIPソリューションのサプライヤーであるBlue Cheetah Analog Designは、12nmプロセスのテストチップでのシリコン実装を発表している。同社の2〜16Gbps「BlueLynx」チップレットインターコネクトIPソリューションは5nm、7nm、12nm、16nmプロセス技術で入手可能であり、BlueLynx D2Dインターコネクトサブシステム IPは、ODSA（Open Domain-Specific Architecture）BoW規格をサポートするPHYおよびリンク層で構成されている。また、UCIeチップレット規格もサポートしている。

Blue Cheetahはデータセンター、ネットワーキング、AIアプリケーションにおいて、BlueLynxチップレットインターコネクトIPを使用しているティア1メーカーおよびスタートアップ企業と協業している。

MLワークロード向けチップレット

AI演算および推論プロセッサのサプライヤーであるd-Matrixは、有機基板でエネルギー効率の高いD2D接続を実現するチップレットプラットフォームを手掛けている。ODSA BoW規格に基づく同社の「Jayhawk」シリコンプラットフォームは、2021年にローンチされた

d-Matrixの「Nighthawk」チップレットプラットフォームを基盤としている。d-MatrixのCEOであるSid Sheth氏は、「これは、生成AIのためのチップレットベースのアーキテクチャに基づく世界初のインメモリコンピューティングプラットフォームである」と述べている。同社のチップレットは、要求の厳しいマシンラーニング（ML）ワークロードに対応するためにブロックグリッド配列で構築されており、スケーラビリティと効率性を高めている。

More than Mooreの実現

チップレットのエコシステムはゆっくりと、しかし着実に形成されつつある。AMD、Intel、NVIDIA、TSMCといった大手メーカーに加え、スタートアップ企業も台頭している。また、BoWやUCIeといったチップレット規格の急速な成熟が、ヘテロジニアス単一パッケージシステムにおけるD2Dインターコネクトの進化を促進している。

革新的な設計アーキテクチャと洗練されたツールを組み合わせることで、ヘテロジニアスコンピューティングプラットフォーム向けのチップレットソリューションの開発が加速し、従来の単一ダイの2Dチップに代わる新しいソリューションによって「More than Moore」の考えが実現されるだろう。これは、次世代の半導体技術の発展に向けた重要なステップである。

注）

More Than Moore：More Than Mooreとは、集積回路にセンサやMEMSを集積することで、通常のトランジスタでは実現できない機能を追加するアプローチのこと。デバイス単体でみれば性能は変わらないが、集積回路に新機能が追加されることでトータルでのチップ性能が向上すると期待されている。

図3-23　More Than Mooreは実現していく

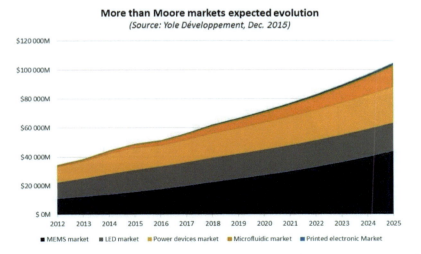

（出所：https://www.yolegroup.com/technology-outlook/what-can-you-expect-for-more-than-moore-markets-in-2016/）

(まとめ) チップレット技術のブレークスルー

　チップレット技術は、ムーアの法則に基づく微細化のコストメリットが失われつつある中で注目されています。特に、データセンターやクラウドコンピューティング、生成AIなどの計算集約型アプリケーションにおいて、マルチダイアーキテクチャが重要視されています。2023年にはいくつかの重大なブレークスルーが見られ、チップレットベースのシステムが従来のアドバンスドパッケージ技術よりも優れていることが実証されました。市場調査会社Yole Groupは、チップレットベースのSiP市場が2027年には1350億米ドル規模に成長すると予測しています。

(2024年3月)

3-17. Rapidusの「2nm世代半導体のチップレットパッケージ設計・製造技術開発」

　Rapidusは、NEDOから2024年度の計画と予算が承認され、「2nm世代半導体のチップレットパッケージ設計・製造技術開発」が新たに採択された。2024年度の支援額は、2nm世代半導体の集積化技術と短TAT製造技術の研究開発に最大5365億円、チップレットパッケージ設計・製造技術開発に最大535億円が割り当てられる。

図3-24「2nm世代半導体のチップレットパッケージ設計・製造技術開発」の概要

(出所：https://eetimes.itmedia.co.jp/ee/articles/2404/03/news096.html)

2024年度計画では、米国IBMと共同で2nm世代のロジック半導体の量産技術を開発し、北海道千歳市のパイロットライン「IIM（Innovative Integration for Manufacturing）」の建設とクリーンルームの稼働、2025年4月のライン稼働に向けた製造装置の導入を進める。

　新たに採択された技術開発では、2nm世代の半導体を用いた大型化および低消費電力化を目指し、設計に必要なデザインキットやチップレットのテスト技術を確立する。米国IBM、独Fraunhofer、シンガポールのA*STAR IMEと国際連携して研究開発を進める。

　Rapidusは、前工程から後工程まで一貫して行うことで短TAT製造を実現するRUMS（Rapid and Unified Manufacturing Service）の構築を目指している。経済産業省もプロジェクトの成功に向けて引き続き支援する方針である。

(まとめ) Rapidusの「2nm世代半導体のチップレットパッケージ設計・製造技術開発」

・**アプリケーション**：Rapidusの2nm世代半導体のチップレットパッケージ開発は、ハイエンドサーバや次世代情報通信機器に向けたものです。
・**理由**：
1. **高性能**：2nm技術は高い集積度と性能を提供し、ハイエンドサーバや次世代通信機器に必要な処理能力を実現します。
2. **低消費電力**：低消費電力化が進められており、エネルギー効率の向上が期待されます。
3. **国際連携**：IBMやFraunhoferなどの先端研究機関と協力し、最先端技術を取り入れています。

（2024年4月）

3-18. チップレットベースのアーキテクチャの進化と利点

　半導体業界では、従来の一枚岩のチップアーキテクチャから、よりモジュラーなチップレットベースの設計への移行が進んでいる。これは、製造技術の変化だけでなく、電子部品の設計と提供方法における重要な進化を象徴している。チップレットベースのアーキテクチャは、ムーアの法則の時代を超えてコンピューティング性能の成長を続けるための有望な手段である。

チップレットの理解と利点

　チップレットは、小さく独立して製造された半導体コンポーネントであり、単一のパッケージ内で協調して動作する。これにより、従来の一枚岩設計では不可能だった柔軟性とカスタマイズが可能になる。設計者は、特定の性能基準を満たすために高度にカスタマイズされたシス

テムを作成できる。

　チップレットは、半導体業界がシリコン技術の限界に近づく中で、製造の制約を回避し、性能向上を続けるための手段となる。各チップレットがその機能に最適なプロセスで製造されるため、システム全体の性能も高くなる。さらに、チップレットアプローチは欠陥を分散させることで歩留まりを増加させ、コスト効率も向上する。

チップレット採用の推進力

　ムーアの法則の限界に直面し、半導体業界は成長のための代替手段を模索している。チップレット技術は、アーキテクチャの革新を通じて性能向上を続けるための魅力的な解決策である。また、AIやビッグデータ、高性能コンピューティングなど、複雑で専門化された処理能力の需要に対応するために、チップレットアーキテクチャは重要な役割を果たしている。

　グローバルな半導体サプライチェーンが混乱に対して脆弱になる中、チップレットアーキテクチャは柔軟で回復力のある製造戦略を可能にし、重要なコンポーネントの安定供給を確保する手段となる。

チップレットアーキテクチャの課題

　設計と統合には高度な相互接続技術と方法論が必要であり、テストプロセスも複雑である。各チップレットとその相互接続は、品質と信頼性の基準を満たすように厳密にテストされなければならない。また、普遍的な標準を確立し、エコシステムを強固にすることが重要である。

実世界のチップレット例

- **AMD RyzenおよびEPYCプロセッサ**：チップレットを使用して性能と効率を向上。
- **Intel EMIB**：異なるダイを単一のパッケージに統合し、高速通信を実現。
- **Versal ACAP**：異種コンピュートデバイスのカテゴリーを代表し、柔軟な機能を提供。

図 3-25　多様なダイを使用した柔軟なヘテロジニアス・システム

（出所：https://www.intel.co.jp/content/www/jp/ja/foundry/packaging.html#toggle-blade-1-3）

将来の展望

　チップレット技術は、5Gネットワーク、高度運転支援システム（ADAS）、宇宙探査など、さまざまな産業で革命を起こす準備ができている。従来のスケーリングの限界に直面する中で、チップレットベースの設計は次世代の技術進歩を推進する強力な代替手段であり、電子機器の未来を形作る重要な要素となるだろう。

（まとめ）チップレットのメリットとデメリット

1. **メリット**
- **柔軟性とカスタマイズ**：チップレットは、特定の性能基準を満たすために高度にカスタマイズされたシステムを作成できる。
- **コスト効率**：欠陥をより多くのチップレットに分散させることで、ウェハあたりの歩留まりを増加させる。
- **スケーラビリティ**：システムをよりスケーラブルで柔軟にし、急速な技術進歩に対応できる。

2. **デメリット**
- **設計と統合の課題**：高度な相互接続技術と方法論が必要で、設計と統合が複雑。
- **テストと信頼性**：各チップレットとその相互接続は厳格にテストされる必要があり、信頼性の確保が難しい。

　チップレット技術は、柔軟性とコスト効率の面で大きなメリットを提供しますが、設計と統合の複雑さが課題となります。今後の技術進歩により、これらの課題が克服されることを期待しています。

（2024年4月）

3-19. チップレットベースアーキテクチャの増加

概要

　従来のモノリシックチップアーキテクチャから、よりモジュール化されたチップレットベースの設計への移行が進んでいる。この移行は、エレクトロニクス部門が現代の電子部品を構想、作成、配布する方法の大幅な進歩を意味する。ムーアの法則後の時代において、チップレットベースのアーキテクチャはイノベーションの触媒となり、さまざまなプロセスノードのチップレットを統合して機能、コスト、パフォーマンスを最適化する異種統合を推進することなど、さまざまな要因がある。

図3-26 半導体バリューチェーン全体にわたるチップセットの統合

（出所：https://www.databridgemarketresearch.com/jp/whitepaper/growing-usage-of-chiplet-based-architectures-for-iot?srsltid=AfmBOoo_EP8Ft5fTDzV4-bLzZ7Ii701-1EeRbvmhd_SJioswh-fgYoIO）

チップレットの採用に影響を与える要因
1. 複雑さと専門性
ビッグデータ分析やAI、高性能コンピューティング、IoTにおける高度で特殊な処理能力の需要が急増している。特定のタスクに最適化された特殊な処理ユニットを組み合わせて、強力でエネルギー効率の高いシステムを作成する。

2. ムーアの法則とその欠点
技術的および財政的な障害により、スケーリングの速度は鈍化している。アーキテクチャのブレークスルーを通じてパフォーマンスの向上を維持するために、チップレット技術が魅力的なアプローチとなる。

3. 製造プロセスとサプライチェーンの柔軟性
国際的な半導体サプライチェーンは、パンデミックや貿易紛争などの影響を受けやすい。チップレットアーキテクチャは、適応性が高く堅牢な製造プロセスを提供し、サプライチェーンの懸念を軽減する。

チップレットアーキテクチャの課題
1. テストと信頼性
チップレットベースのシステムのテストは複雑である。各チップレットとその相互接続が品質と信頼性の基準を満たすために広範なテストが必要。

2. 設計と統合
さまざまなコンポーネントを統合して一貫性のあるシステムを形成するには複雑な技術が必要。

3. エコシステムと標準の開発
設計、通信、統合の共通標準を含むエコシステムの確立が必要。

チップレット技術の利点

1. カスタマイズとアップグレードの容易さ
開発期間が短縮され、コスト削減が可能。

2. パフォーマンスの向上
特定のタスクに最適化された処理コンポーネントを利用する。

3. 柔軟性と市場適応力
生産者は市場の変化や新技術に迅速に対応できる。

4. 環境への影響
データの横方向の流れを削減し、環境への影響を低減する。

5. システムの単純化
従来の複雑な配線、冷却システム、補助部品を削減する。

結論

　チップレット技術は従来のモノリシックチップ技術からの脱却として歓迎され、革新的で安価なIoTデバイスを生み出す可能性がある。OEMと半導体企業の両方がこの技術の恩恵を受けることができる。チップレット技術は、宇宙探査、5Gネットワーク、ADAS向け自動車電子機器など幅広い業界で大きな変革をもたらす可能性を秘めている。

（2024年6月）

4
チップレットの標準化

4-1. ウィンボンドの UCIe コンソーシアム参加の主なポイント

　ウィンボンド・エレクトロニクスは、UCIe（TM）（Universal Chiplet Interconnect Express（TM））コンソーシアムへ参加したことを発表した。UCIeは、1つのパッケージ内で複数のチップレットを相互接続するための通信方式を定義するオープン規格であり、これにより高度な2.5D/3Dデバイスの開発が容易になる。

　ウィンボンドは高性能メモリICのリーディングカンパニーであり、2.5D/3D実装の最終歩留まり向上に不可欠なKGD（known good die）の供給において定評がある。2.5D/3Dマルチチップデバイスは、5G、車載、人工知能（AI）などの技術の急速な発展により、性能、電力効率、小型化の面で大きな向上が求められている。

UCIeコンソーシアム参加の意義

　ウィンボンドのUCIeコンソーシアムへの参加は、SoC（System On Chip）設計の簡素化と2.5D/3D BEOL（back-end-of-line）実装の標準化を支援するものである。UCIe 1.0仕様は、完全に標準化されたダイ間インターコネクトを提供し、高帯域幅、低レイテンシ、低消費電力を実現する。これにより、高性能なSoCとメモリのインターコネクトが可能になり、デバイスメーカーとエンドユーザーに高い価値を提供する高性能製品の導入が加速され、先進的なマルチチップエンジンの市場成長が促進されると期待される。

　ウィンボンドの3D CUBE as a Service（3DCaaS）プラットフォームは、コンサルティングサービスに加え、3D TSV DRAM（通称CUBE）KGDメモリダイや、マルチチップデバイス用に最適化された2.5D/3D BEOLを提供する。これにより、顧客はCUBEから包括的なサポートを受けることができ、シリコンキャップやインターポーザなどの付加価値も得られる。

図4-1　3DCaaSプラットフォーム

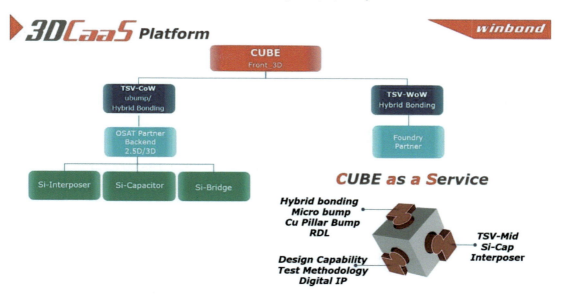

（出所：https://www.winbond.com/hq/about-winbond/news-and-events/news/winbond_ucie_consortium_highperformance_chiplet_standardisation.html）

主なコメント

　ウィンボンドのDRAM Vice PresidentであるHsiang-Yun Fanは、UCIe仕様により、2.5D/3DチップテクノロジーがAIアプリケーションの最大限の可能性を引き出すと述べている。UCIeコンソーシアム会長のDebendra Das Sharma博士は、ウィンボンドの参加によりUCIeチップレット・エコシステムの発展に貢献できると期待している。

問題点と対策

- **互換性の確保**：異なるメーカーのチップレット間での互換性を確保するための標準化が必要である。
- **性能の向上**：高性能なチップレットを実現するための技術開発が求められる。
- **コストの削減**：製造コストを抑えるための効率的な生産プロセスの確立が重要である。
- **信頼性の向上**：長期間使用できる信頼性の高いチップレットの開発が必要である。

　これらの対策により、チップレット技術の普及と進化が期待される。

（まとめ）ウィンボンドのUCIeコンソーシアム参加

　ウィンボンドがUCIeコンソーシアムに参加し、高性能チップレットインターフェイスの標準化を支援することを発表しました。これにより、2.5D/3Dデバイスの開発が容易になり、SoC設計の簡素化と高性能化が期待されます。ウィンボンドの3DCaaSプラットフォームも紹

介され、顧客に包括的なサポートを提供する姿勢が印象的です。標準化の推進が市場成長を促進するでしょう。

（2023年2月）

4-2. 中国の新興企業チップラーが取得したチップレット技術特許とは

チップレット技術の取得と背景

　経営が苦境に陥っていた米国の半導体開発企業Zグルーが2021年に特許を手放したことは大きな注目を浴びなかった。しかし、1年1か月後、中国の新興企業チップラー（奇普楽）がZグルーの重要な半導体技術特許を取得していたことが明らかになった。チップラーが購入したのは、別々に製造された半導体チップを1つの基板上で接続する「チップレット」と呼ばれる技術であり、これにより半導体製造の時間とコストを削減できる。

　Zグルーがチップレット技術の重要特許を手放した理由は、経営が苦境に陥っていたためである。会社は財政的な問題に直面しており、特許を手放すことで一時的な資金を確保し、経営の立て直しを図った。この決定は、企業の将来的な成長と安定化を目指すための一時的な措置であった。

チップレット技術の重要性と中国の戦略

　ロイターの調査によると、チップラーの特許取得と同時期に中国でチップレット技術を推進する動きが活発化している。専門家によると、米国が中国の先進的な装置や材料へのアクセスを禁止したことで、チップレット技術が中国にとって重要な技術となり、半導体内製化戦略の柱となっている。

中国の優位性と政府の動向

　中国政府はチップレット技術を広範な戦略の一環として取り上げ、地方政府から中央政府まで少なくとも20件の政策文書がこの技術の重要性を強調している。証券会社ニーダムのアナリスト、チャールズ・シー氏は、チップレット技術が中国にとって非常に特別な意味を持つと述べている。中国政府は人工知能（AI）や自動運転車などの用途でチップレット技術を急ぎ模索しており、通信機器大手の華為技術（ファーウェイ）や軍事機関も同様の動きを見せている。

規制の回避と特許取得

　チップラーは、Zグルーが保有していた特許28件を取得しており、この特許の売却が米国の

規制を回避する形で進められたことが示唆されている。チップレット技術を持つのはチップラーだけではなく、ファーウェイもチップレット特許を積極的に出願している。

チップレット技術の未来

チップラーのヤン・メン会長は、チップレット技術が国内半導体産業の発展において中核的な原動力であり、中国への導入が使命であると述べている。中国全土で数十社の中小企業がチップレット技術の需要に応えるために設立されており、中国の半導体産業においてチップレット技術が重要な役割を果たしている。

図4-2 中国チップラーが重要特許「チップレット」取得

（出所：https://jp.reuters.com/article/world/-idUSKBN2YU07L/）

（まとめ）中国の新興企業チップラーの特許

中国の新興企業チップラーが取得したチップレット技術の特許は、別々に製造された半導体チップを1つの基板上で接続する技術です。この技術は、半導体製造の時間とコストを削減し、トランジスタのサイズを縮小せずに高性能なシステムを構築することが可能です。特許内容には、3Dスタッキングや異なるプロセスノードのダイを組み合わせる技術が含まれています。

（2023年7月）

4-3. JAPAN MOBILITY SHOW の進化とチップレットをはじめとする半導体産業の未来

概要と「修理する権利」の重要性

先日、初開催となったJAPAN MOBILITY SHOWを訪れる機会があった。このイベントは、従来の東京モーターショーと異なり、自動車に限らずロボットやドローンなど、モビリティ関連の先端技術に焦点を当てていた。電動化時代に突入し、モビリティの分野では従来よりも多

くの半導体が必要になることが明白である。この流れの中で、「修理する権利」という概念が浮上している。製品のユーザーが自分で製品を修理できる権利を確保するためには、製品の修理可能性を高めることが重要である。

修理可能性と半導体部品の課題

製造元がスペアパーツをユーザーが入手できるようにする仕組みや、修理に必要な情報を提供する事例が増えているが、設計段階で修理可能性を前提とした製品はまだ少ない。特に半導体部品は故障箇所の特定が難しく、電子回路の故障部分のみを的確に修理交換するのは困難であるため、修理可能性を高めるには大きな課題がある。

チップレット技術の役割

これらの課題解決に向けて注目されているのがチップレット技術である。チップレット技術は、1枚の半導体チップを複数の小さなチップに分割し、電子回路を構築する技術である。この技術により、別の会社が設計・製造したチップレットを組み合わせることが可能になり、修理可能性が向上する。チップレット間の通信方式については、Intel社がUCIe（Universal Chiplet Interconnect Express）コンソーシアムを立ち上げ、標準化を進めている。この活動は「修理する権利」の実現にも好影響を与えるであろう。

「修理する権利」の実現に向けた取り組み

「修理する権利」を広く実現するためには、製品設計に修理可能性を組み込むことが不可欠である。製造者とユーザーが連携し、半導体関連技術への関心を高め理解を深めることで、国内の半導体関連産業の一層の強化につながるであろう。半導体関連産業以外でも技術革新により修理可能性が高まることを期待し、その動きを進めていく必要がある。

（まとめ）"修理"の意義

ここで注目されるのがチップレット技術です。チップレット技術は、1枚の半導体チップを複数の小さなチップに分割し、それぞれのチップを組み合わせて電子回路を構築する技術です。この技術により、故障した部分だけを交換することが可能になり、修理が容易になります。また、異なる会社が設計・製造したチップレットを組み合わせることができるため、修理の選択肢が広がります。

さらに、チップレット技術の標準化が進むことで、互換性が確保され、修理可能性が一層高まります。Intel社が主導するUCIeコンソーシアムの活動は、チップレット間の通信方式の標準化を目指しており、これにより修理の効率が向上することが期待されています。

総じて、チップレット技術は「修理する権利」の実現に向けた重要な一歩であり、製品の修理可能性を高めるための有望な技術です。今後もこの技術の進展と標準化が進むことで、ユーザーが自分で製品を修理できる環境が整うことを期待しています。

図 4-3　「修理する権利」の実現

（出所：サーフテクノロジー作成）

（2023年11月）

4-4. ムーアの法則を延命するチップレット技術：パッケージングと標準化の重要性

　半導体業界では、トランジスタを小型化してチップの性能を向上させることが難しくなってきたため、チップメーカーは小型でモジュール化された「チップレット」に注目している。この技術は、ムーアの法則の延命を図るものである。

キープレイヤー

　アドバンスト・マイクロ・デバイセズ（AMD）、インテル、ユニバーサル・チップレット・インターコネクト・エクスプレス（UCIe）が中心となっている。

パッケージングの重要性

　チップレットの成功にはパッケージング技術が不可欠である。パッケージングとは、チップレットを並べたり重ねたりして電気接続を形成し、保護プラスチックで包む工程である。これにより、チップの製造コストが抑えられ、性能向上が可能となる。527億ドルの「チップス法（CHIPS Act）」により、米国の半導体産業が強化され、国家先端パッケージング製造プログラ

ムが創設されている。

標準化の進展

　これまではパッケージングに関する技術標準の欠如がチップレットの普及を妨げていた。しかし、UCIeというオープンソース規格の採用により、異なる企業のチップレットを簡単に組み合わせることが可能となった。これにより、AI、航空宇宙、自動車製造などの分野でのチップメーカーの自由度が増す可能性がある。

（まとめ）チップレットの標準化について

　UCIe（ユニバーサル・チップレット・インターコネクト・エクスプレス）というオープンソース規格の採用により、異なる企業が製造したチップレットを簡単に組み合わせられるようになったため、チップメーカーの自由度が増す可能性があります。また、チップレットの標準化はすでに確立されているようであり、現在進行形で標準化が進んでいるということです。これにより、AI、航空宇宙、自動車製造などの急速に変化する分野での柔軟な対応が可能となります。

図 4-4　チップレットの標準化

（出所：サーフテクノロジー作成）

（2024 年 1 月）

4-5. AI アクセラレーション時代のチップレット技術：Arm の革新と標準化の取り組み

　Arm パートナーは、製造コストと生産量を管理しつつ、効率性とパフォーマンスを最大化

する課題に常に直面している。現在、複雑化の進むAIアクセラレーション対応コンピューティングの中で、重要なソリューションとしてチップレット技術が注目されている。

チップレット技術は、単一の大型モノリシック・ダイではなく、複数の小型ダイで構成されるシステムとしてパッケージ化・販売することを可能にし、カスタムシリコンの採用を促進する。これにより、既存のチップレットを再利用してオーダーメイドのソリューションを構築でき、コストパフォーマンスの最適化が図られる。標準化と再利用性により、マルチベンダーによるサプライチェーンが実現し、新規企業と既存企業の双方がパフォーマンスと差別化の機会を活用できるようになる。

チップレット市場の発展に必要な共通フレームワーク

Arm Chiplet System Architecture (CSA) は、チップレットベース・システムのパーティショニングに関して最適な選択肢を提供し、複数のサプライヤー間で各種コンポーネント（物理設計IP、ソフトIPなど）の再利用を可能にする。これは、モバイル、オートモーティブ、インフラストラクチャなどの市場セグメントを網羅している。

AMBAの更新により、チップレットのプロトコル標準化が進められている。AMBA CHI C2C仕様は、既存のオンチップCHIプロトコルを活用し、チップレット間の転送を可能にする。AXIベースの設計も、オープンなAXI C2C仕様によりチップレットの実現に不可欠である。

複雑な問題の解決にはコラボレーションが必要

Armの投資により、パートナーはArmベースシステムを複数のチップレットに分解できるようになる。物理層、プロトコル、ハイレベルのプロパティとパーティショニングの分野で継続的なコラボレーションが必要である。

Armベースの多様なチップレット市場

マスマーケットでのチップレットの採用には数年を要するが、標準規格によりチップレットベース・システムの進化が加速することが期待される。Armプラットフォームの柔軟性は、パートナーによるカスタムシリコン・ソリューションの迅速な構築を実現し、必要な柔軟性を維持する。最新の標準規格やプログラムを中心にエコシステムを強化し、多様なArmベースのチップレット・エコシステムを実現していく。

Armについて

Armは、エネルギー効率に優れたプロセッサ設計とソフトウェアプラットフォームを提供し、センサからスマートフォン、スーパーコンピュータまであらゆる製品をセキュアにサポー

トしている。1,000社以上のパートナーとともに、AIの活用とサイバーセキュリティの信頼の基盤を提供し、未来のコンピューティングを築いている。

AMBA (Advanced Microcontroller Bus Architecture)

システム・オン・チップ（SoC）内の機能ブロックを接続・管理するための、自由に利用できるオープンスタンダード。これにより、多数のコントローラやペリフェラルを搭載したマルチプロセッサの設計を、いち早く開発することが可能になる。

（まとめ）Armの目標

Armは、チップレット市場の発展に向けて以下の目標を掲げています。：

・**標準規格の確立**：Arm Chiplet System Architecture（CSA）やAMBAの更新を通じて、チップレットの再利用性と標準化を推進し、異なる企業間での互換性を高める。

・**コラボレーションの強化**：物理層やプロトコルの標準化を進め、業界全体での協力を促進する。

・**柔軟性の提供**：カスタムシリコン・ソリューションの迅速な構築を支援し、パートナー企業に必要な柔軟性を提供する。

・**エコシステムの進化**：最新の標準規格やプログラムを中心に、活況かつ多様なArmベースのチップレット・エコシステムを実現する。

図4-5　AIアクセラレータを搭載したARMプラットフォームを発表

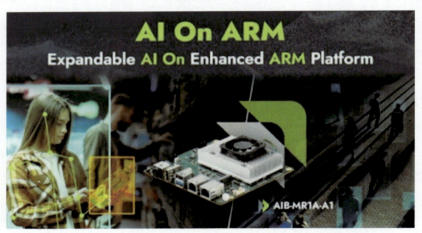

（出所：https://kyodonewsprwire.jp/release/202408225241）

（2024年2月）

4-6. サムスンとSKハイニックス、AI半導体の未来を見据えEliyanに投資

サムスンカタリストファンド（SCF）とSKハイニックスは、次世代チップレット技術と相互接続技術を先取りするために、シリコンバレーのチップレットスタートアップEliyanに投資した。2024年3月25日、サムスンカタリストファンドとタイガーグローバルマネジメントが主導した6000万ドルのシリーズB投資が完了した。今回の投資には、SKハイニックス、インテルキャピタル、クリーブランドアベニュー、メッシュベンチャーズなどが参加している。

Eliyanは、個別機能を持つ小型チップをパッケージング技術で結合して一つのチップのように作る技術で、半導体生産の効率化と消費電力の改善を実現している。また、汎用インターフェース技術であるUMI（Universal Memory Interface）を開発中であり、CPUの性能を最大化するための帯域幅効率化技術を提供している。

今回の投資により、チップレット技術は半導体生産の効率化と消費電力の改善に寄与することが期待される。

（まとめ）Eliyanが保有するチップレット技術

Eliyanが保有するチップレット技術の中で特に注目されるのは、UMI（Universal Memory Interface）です。この技術は、一般的に「メモリインターフェース技術」と呼ばれます。CPUの性能を最大限に引き出すために帯域幅を効率化し、HBM（高帯域幅メモリー）の過熱を防ぐことができます。これにより、メモリー帯域幅の制限を解消し、ボトルネック現象を防ぐことが可能です。EliyanのUMI技術は、他の企業には見られない独自の技術であり、AI半導体の性能向上に大きく寄与します。

図 4-6　チップレットインターコネクトのスタートアップ企業、Eliyan Corporation

（出所：https://www.digitimes.com/news/a20221110VL203/chiplet-intel-micron-ucie.html）

（2024年3月）

5
チップレットのテスト

5-1. チップレット技術の進化と未来の可能性:効率的なテストと新しいアプリケーションの展望

現状

　チップレット技術は、小型チップをパッケージ化して性能と効率を高める新しい方法である。しかし、テストには相互接続や信号整合性の問題があり、これに対する対策が必要である。

問題と対策

　複雑な相互接続や信号整合性の問題に対しては、マイクロバンプやTSVなどの先進的な接続技術が求められる。また、複数のチップレットを同時にテストするための並列テストが必要であるが、I/O数の増加によりテストプロセスが複雑化する。熱管理も重要であり、効率的な熱設計や新しい冷却技術の導入が必要である。ATEシステムの使用により、歩留まり低下を防ぐことができる。

将来

　チップレット技術の進展に伴い、テスト方法も進化していく。例えば、プローブカードを使

図 5-1　テスト工程のチップレット

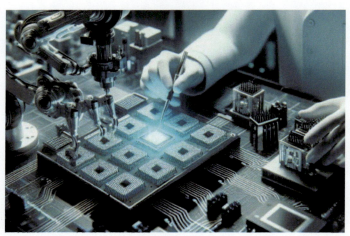

（出所:サーフテクノロジー作成）

用することで信号経路が短くなり、信号損失が減少し、高速テストが可能になる。。標準化と協力により、技術の互換性が高まり、新しいアプリケーションやサービスが登場することが期待されている。

(まとめ) 将来のチップレットテストの展望
・**プローブカードの使用**：信号経路が短くなり、信号損失が減少し、高速テストが可能になります。
・**産業界全体での協力と標準化**：技術の互換性が高まり、効率的なテストが実現されるでしょう。
・**新しいアプリケーションやサービスの登場**：チップレット技術の進化により、我々の生活やビジネスのあり方にも大きな変革がもたらされることが期待されます。

　これらの対策を講じることで、チップレットのテストにおける問題点を克服し、将来的な技術の発展に寄与することができます。

（2023年11月）

5-2. チップレットテストの課題と新たなソリューション

　チップレットは、単一の基板上で独立してまたは集合的に動作できるモジュール式コンポーネントである。モノリシックチップとは異なり、チップレットは特定のタスクを個別のICに割り当てることで設計を合理化する。この設計は柔軟性と最適化されたパフォーマンスを提供する一方、テストと検証には独特の課題がある。チップレットのテストは、相互接続の複雑さや信号整合性の問題に対処しなければならない。これに対して、マイクロバンプやTSVなどの先進的な接続技術が求められる。

自動テスト装置を使用したチップレットのテスト

　自動テスト装置（ATE）は、集積回路がパッケージングの準備ができているかどうかを確認するために使用される。シングルチッププロービングとマルチチッププロービングのプロセスは似ているが、マルチチッププロービングの要件は経済的理由から厳しくなる。例えば、3チップレットモジュールの合計歩留まりは単一のダイよりも低くなり、テスト全体のコストが増加する。これは、チップレットを包括的に調査することが重要であることを強調している。

テストの課題

　チップレットのテストには、既知の良いダイ、シグナルインテグリティ、複雑な相互接続、複雑なデザイン、スループットといった課題がある。これらの課題に対処するためには、半導

体テストの専門知識、適切な機器の選択、そして綿密なテスト手順が必要である。ATEシステムとプローバーを使用して、チップレットのテストの課題に対処することが推奨される。

チップレットベースの半導体テストの新たな選択肢

Elevateは、特定の半導体を従来のATEからプローブカードに移行する戦略を開拓している。これにより、信号整合性の向上、テスト時間の短縮、テスターの複雑さの軽減といった利点が得られる。プローバーベースのテストシステムは、さまざまなチップレット設計に適応でき、テスト効率を大幅に向上させる可能性がある。

Elevate Semiconductorとの協力

Elevate Semiconductorは、ATEとプローバーカードを統合することで、半導体テストの進歩を先駆的に行っている。これにより、信号整合性の向上、テストの高速化、および多様なチップレット設計に合わせたソリューションの提供が期待されている。同社は、チップレットテストの未来を再構築し、半導体テスト技術の進化に貢献するために、ATEおよびプローバーメーカーとのパートナーシップを模索している。

（まとめ）従来のモノリシックテストと比較した、チップレットテストの利点：

- **柔軟性**：チップレットは特定のタスクを個別のICに割り当てることで設計を合理化し、柔軟性を提供します。
- **信号整合性の向上**：ピンエレクトロニクスとDPSがDUTに近接しているため、信号経路が

図5-2　自動テスト装置（ATE）システム

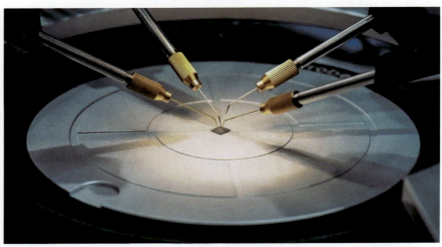

（出所：https://www.elevatesemi.com/ja/ate-articles/tackling-complex-challenges-in-semiconductor-chiplet-testing/）

短く、損失が少なくなります。
- **テスト時間の短縮**：プローブカードにより多くの並列テストが可能になり、テスト時間が短縮されます。
- **カスタマイズ**：プローバーベースのテストソリューションは、さまざまなチップレット設計の特定の要件を満たすようにカスタマイズできます。

（2023年12月）

5-3. チップレットテストの標準化

信頼性と品質基準

　チップレットの品質は製造時の状態を指し、モノリシックSoCと同様に、アプリケーション分野ごとの特定の品質基準に従っている。しかし、厳格なテストを行っても「テスト漏れ」により一部の欠陥が最終的なチップレットに残ることがある。例えば、民生用電子機器では100dppm（100万個あたり100個の不良品）が許容されるが、自動車では0dppmを求める。チップレットは製造後に加熱、冷却、熱衝撃振動テストなどを行い、信頼性を確保する。

テストのための設計標準

　チップレットベースの集積回路は個別のコンポーネントから組み立てられ、多くのテスト機会がある。個々のチップレットが接合前にテストされ、相互接続の整合性と信頼性も確認され

図5-3　imecの相互接続テスト生成方法「E2I-TEST」

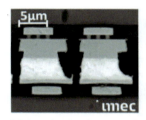
(a) Good micro-bump pair.

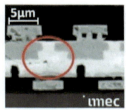
(b) Hard short defect.

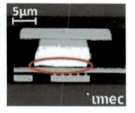
(c) Hard open defect.

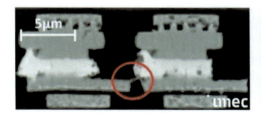
(d) Weak short defect.

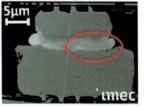
(e) Weak open defect.

（出所：https://news.mynavi.jp/techplus/article/chiplets-piecing-3/）

る。imecは、3D-DfTの「IEEE Std 1838」を標準化し、異なるソースのチップレットにテストアクセスの互換性を持たせるための取り組みを進めている。

相互接続のテストの改善

チップレットベースのアプローチでは、異なるベンダーのチップレットが効果的に接続するために標準化が必要である。「Universal Chiplet Interconnect Express（UCIe）」は相互接続の標準である。imecは、より効果的な相互接続テスト生成方法「E2I-TEST」を提案し、弱い欠陥バリアントもカバーすることでテスト効率を向上させている。

マイクロバンプ欠陥の抵抗バリアントもカバーしている。これらのSEM写真には、考えられるすべてのオープン欠陥とショート欠陥の例が示されている。

結論

半導体プロセスの微細化が進む中、異なるチップレットに機能とテクノロジーノードを分離することは、コスト効率が高く、スペースとパフォーマンスのメリットをもたらす。チップレット研究は相互接続の小型化やチップレットの統合に焦点を当て、異なるチップレット間の互換性と通信を保証するためにさらなる標準化が必要である。

チップレットを相互接続するためのさまざまなアプローチと、予測される相互接続密度とピッチが下図まとめられている。

図5-4　imecの3D相互接続ロードマップ

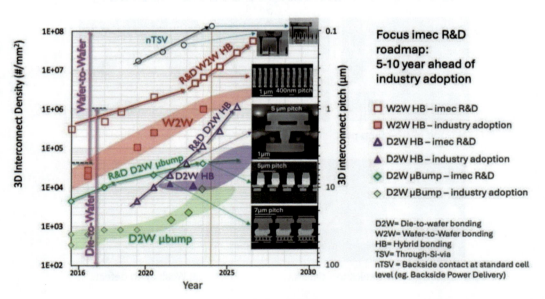

（出所：https://news.mynavi.jp/techplus/article/chiplets-piecing-3/）

(まとめ) チップレットテストの将来と展望

1. 高精度で柔軟なテスト技術の発展

　チップレット技術の普及に伴い、テスト技術も高精度かつ柔軟なものへと進化する必要がある。特に、異なるベンダーから提供される多様なチップレット間での互換性を確保するため、標準化が進むと考えられる。これは、現在の「IEEE Std 1838」や「Universal Chiplet Interconnect Express (UCIe)」のような標準のさらなる普及と強化を意味する。

2. 自動化とAIの導入

　テストプロセスの自動化は、テスト効率と精度の向上に寄与する。AIを活用することで、テストデータの解析や最適なテストパターンの生成が迅速かつ正確に行えるようになる。これにより、テスト工程のスピードアップとコスト削減が実現する。

3. より厳格な品質基準への対応

　特に自動車や航空、医療などの安全性が重要視される分野では、より厳格な品質基準に対応するためのテストが求められる。これに対応するため、チップレットのテスト技術は、より精密で包括的な方法へと進化するだろう。

4. 新しいテスト手法の開発

　微細化技術の進展に伴い、従来のテスト手法ではカバーしきれない課題が増えてくる。これに対応するため、新しいテスト手法や技術の開発が進むと予想される。例えば、微細化に伴う高抵抗ショートや低抵抗オープン欠陥を効率的に検出するための方法などが挙げられる。

5. 持続的なイノベーションと標準化の推進

　チップレットテストの分野では、持続的なイノベーションが求められる。特に、相互接続技術の進展に伴い、新たな標準やプロトコルの開発が重要となる。これにより、業界全体での一貫性と互換性が確保され、チップレットベースの設計の利便性がさらに向上する。

6. 環境への配慮と持続可能性の追求

　チップレットテスト技術の進化と並行して、環境負荷を低減するための取り組みも重要である。エネルギー効率の高いテスト手法や、リサイクル可能な材料の使用など、持続可能性を追求する動きが加速すると考えられる。

　チップレットテストは、技術革新と標準化の推進により、ますます重要な役割を果たすであろう。これにより、様々なアプリケーション分野において、信頼性が高く高性能なチップレットの普及が進むことが期待される。

（2024年10月）

6
チップレットの市場予測

6-1. チップレット技術の市場背景と未来展望：急成長する市場と社会的影響

現状のチップレットの市場背景

　チップレット技術は、半導体業界において急速に注目を集めている。従来のモノリシックな設計から一転し、複数の小型チップを集積することで性能と効率を高めるこの技術は、特に自動車、データセンター、AI、IoTなどの分野で重要な役割を果たしている。チップレット技術の導入により、製造コストの削減や設計の柔軟性が向上し、半導体業界全体に大きな変革をもたらしている。

　チップレット技術の市場背景には、いくつかの重要な要因が存在する。まず、半導体製造プロセスの微細化が限界に達しつつある現状において、チップレット技術は新たな解決策として注目されている。従来のモノリシックなチップ設計では、製造プロセスの微細化が進むにつれてコストが増大し、歩留まりが低下する問題が生じていた。これに対し、チップレット技術は異なる製造プロセスで作られた複数のチップを組み合わせることで、コスト効率を向上させることができる。

　さらに、チップレット技術は設計の柔軟性を大幅に向上させる。異なる機能を持つチップレットを組み合わせることで、特定の用途に最適化されたシステムを構築することが可能となる。例えば、高性能なCPUコア、先進的なメモリ技術、特殊なAIアクセラレータを組み合わせることで、特定のアプリケーションに最適化されたシステムを実現できる。このような設計の柔軟性は、特に自動車やデータセンターなどの分野で重要な役割を果たしている。

現状のチップレット

　現状のチップレット技術は、異なる製造プロセスで作られた複数のチップレットを一つのパッケージ内に集積する技術である。これにより、各チップレットの特性を最大限に活かしたシステムが構築できる。例えば、高性能なCPUコア、先進的なメモリ技術、特殊なAIアクセラレータを組み合わせることで、特定の用途に最適化されたシステムを構築することが可能である。

　現状のチップレット技術には、いくつかの重要な要素が存在する。まず、チップレット間の

接続技術が挙げられる。チップレット間のデータ転送速度や信頼性は、システム全体の性能に大きな影響を与えるため、高速かつ安定した接続技術が求められる。現在、先進的な接合技術やインターポーザ技術が開発されており、チップレット間の接続性能が大幅に向上している。

　また、チップレット技術のもう一つの重要な要素は、異種集積技術（ヘテロジニアスインテグレーション）である。異なる製造プロセスで作られたチップレットを一つのパッケージ内に集積することで、各チップレットの特性を最大限に活かすことができる。例えば、高性能なロジックチップと先進的なメモリチップを組み合わせることで、性能と効率を両立させたシステムを構築することが可能である。このような異種集積技術は、特にAIやIoTなどの分野で重要な役割を果たしている。

チップレット市場予測（2024年～2030年）

　チップレット市場は、2024年から2030年までの間に急速に成長すると予測されている。特に、モノのインターネット（IoT）や家電製品の需要増加が市場成長の主な要因となっている。市場規模は、2023年の6.5億米ドルから、2028年には1,480億米ドルに達すると予測されており、2023年から2028年までのCAGRは86.7％になると見込まれている。

　チップレット市場の成長要因には、いくつかの重要な要素が存在する。まず、IoTやAIの普及が挙げられる。これらの分野では、高性能かつエネルギー効率の高いシステムが求められており、チップレット技術はその要件を満たすための重要な技術となっている。特に、AIアクセラレータやセンサネットワークなどの分野で、チップレット技術の需要が急速に増加している。

　また、データセンターやクラウドコンピューティングの需要増加も、チップレット市場の成長を後押ししている。データセンターでは、高性能かつエネルギー効率の高いプロセッサが求められており、チップレット技術はその要件を満たすための重要な技術となっている。特に、異種集積技術や3Dスタッキング技術の進展により、データセンター向けの高性能プロセッサの需要が急速に増加している。

チップレット技術の市場展望

　チップレット技術の市場展望は非常に明るい。異種集積や3Dスタッキング技術の進展により、さらなる集積度と性能向上が期待されている。特に、データ転送速度が重要なアプリケーションにおいて、この技術は大きなメリットをもたらす。また、先進的な接合技術の導入により、チップレット間の高速で安定した接続が可能となり、性能と信頼性が大幅に向上する。

　チップレット技術の市場展望には、いくつかの重要な要素が存在する。まず、異種集積技術の進展が挙げられる。異なる製造プロセスで作られたチップレットを一つのパッケージ内に集

積することで、各チップレットの特性を最大限に活かすことができる。例えば、高性能なロジックチップと先進的なメモリチップを組み合わせることで、性能と効率を両立させたシステムを構築することが可能である。このような異種集積技術は、特にAIやIoTなどの分野で重要な役割を果たしている。

また、3Dスタッキング技術の進展も、チップレット技術の市場展望において重要な要素となっている。3Dスタッキング技術により、複数のチップレットを垂直方向に積み重ねることで、さらなる集積度と性能向上が期待されている。特に、データ転送速度が重要なアプリケーションにおいて、この技術は大きなメリットをもたらす。例えば、高速なデータ転送が求められるAIアクセラレータやメモリシステムにおいて、3Dスタッキング技術はその要件を満たすための重要な技術となっている。

チップレット技術革新がもたらす社会的影響

チップレット技術の革新は、社会全体に多大な影響を及ぼしている。まず、技術の進展により、より高性能かつエネルギー効率の高い電子機器が普及し、環境負荷の軽減に寄与している。また、チップレット技術は「修理する権利」にも好影響を与えており、製品の修理可能性を高めることで、持続可能な社会の実現に貢献している。

チップレット技術の社会的影響には、いくつかの重要な要素が存在する。まず、環境負荷の軽減が挙げられる。チップレット技術により、高性能かつエネルギー効率の高い電子機器が普及することで、エネルギー消費量が削減され、環境への負荷が軽減される。例えば、データセンターにおいては、高性能なプロセッサを使用することで、エネルギー効率が向上し、電力消費量が削減される。このような技術の進展は、持続可能な社会の実現に向けた重要な一歩となる。

また、チップレット技術は「修理する権利」にも好影響を与えている。従来のモノリシックなチップ設計では、故障した場合に修理が困難であり、製品全体を交換する必要があることが多かった。しかし、チップレット技術を用いることで、故障したチップレットのみを交換することが可能となり、製品の修理可能性が向上する。これにより、製品の寿命が延び、廃棄物の削減にも寄与する。

さらに、チップレット技術の進展は、新たなビジネスモデルの創出にもつながっている。例えば、異なる機能を持つチップレットを組み合わせることで、カスタマイズされたシステムを提供することが可能となる。このようなカスタマイズされたシステムは、特定の用途に最適化されており、顧客のニーズに応じたソリューションを提供することができる。これにより、新たな市場が開拓され、経済の活性化にも寄与する。

最後に、チップレット技術の進展は、教育や研究の分野にも大きな影響を与えている。高性

能かつエネルギー効率の高いシステムが普及することで、教育機関や研究機関においても、より高度な研究や教育が可能となる。例えば、AIやビッグデータの分野においては、高性能なプロセッサを使用することで、より高度な解析やシミュレーションが可能となり、研究の進展が期待される。

（まとめ）チップレットの市場予測

　チップレット市場は、2023年の6.5億米ドルから2028年には1480億米ドルに達すると予測され、年平均成長率（CAGR）は86.7％と急速に拡大しています。チップレット技術は、異なる製造プロセスで作られた小型チップを組み合わせることで、性能とコスト効率を向上させる新しいアプローチです。チップレット技術が開発スピードを大幅に向上させると意見も述べていますが、テストや組み立ての複雑さが課題であると指摘しています。今後、チップレット技術はAI、IoT、自動車など多岐にわたる分野での応用が期待されており、半導体業界に大きな変革をもたらすでしょう。

図 6-1　Chiplet Market–Global Forecast to 2028

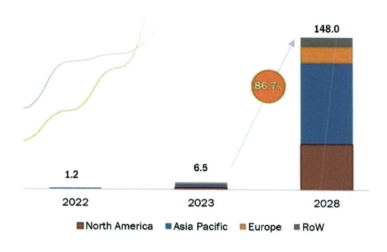

（出所：https://www.marketsandmarkets.com/Market-Reports/chiplet-market-131809383.html）

（2024年10月）

6-2.　チップレット市場のアプリケーション分野への適用

チップレットの概要

・チップレットとは特定の機能を持つ小さな半導体チップで、他のチップレットと組み合わせて使用することで高密度の相互接続を実現する。

- チップレットは、すべての機能を1つのモノリシックに設計するのではなく、異なるベンダーやテクノロジーノードによる個別のチップを組み合わせたモジュラーシステムを提供する。
- 高速で高帯域幅の電気接続が可能となり、電気テストの難しさを解決するための3Dテストプロトコルの標準化と最適化が進められている。

MIT Tech Reviewの評価と成長予測
- 「チップレット」は2024年の10大ブレークスルー技術の1つとして評価され、半導体業界で本格的に活用されている。
- チップレットの市場は2023年から2033年にかけて年平均成長率42％で成長すると予測されている。

チップレットの利点
- CPUやGPUなどの特定機能を持つ小型チップで、レゴのように組み合わせて柔軟なシステム構築が可能。
- 開発プロセスの迅速化、効率向上、コスト削減が図られる。
- 古いチップレットの更新が容易で、歩留まりが高まる。

自動車産業におけるチップレットの活用
- 自動運転やセンサフュージョンなどの特定機能に対応するための柔軟なアーキテクチャを提供。
- 車種ごとの開発コストの低減や信頼性、安全性の確保が期待される。

未来の展望
チップレット市場の拡大に伴い、イメージセンサや量子コンピューティングなどのさらなるアプリケーション分野への適用が予想される。

図6-2 モノリシックSoC（左）とチップレットを組み合わせたSoC

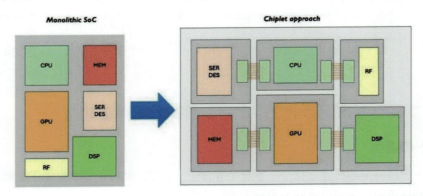

（出所：https://news.mynavi.jp/techplus/article/chiplets-piecing-1/）

（まとめ）チップレット市場の将来と展望

1. 市場の成長と注目技術

　チップレットは、他のチップレットと組み合わせて使用することで、単一のパッケージまたはシステムに組み込むことができる小さな半導体チップである。高密度相互接続により、高速かつ高帯域幅の電気接続が保証される。チップレット技術は、2024年のMIT Tech Reviewの10大ブレークスルー技術の1つに選ばれ、半導体業界で本格的に活用され始めている。

2. 経済的および技術的利点

　チップレットは、CPUやGPUなど特定の機能を持つ小型のモジュール式チップ技術であり、レゴのように組み合わせてシステムを構築することができる。このアプローチにより、新しいチップ設計への参入コストが抑えられ、効率とパフォーマンスが向上する。また、各チップレットのプロセステクノロジーを戦略的に選択することで、最適化が可能となり、I/Oおよびバスのチップレットには信頼性の高いレガシープロセス、コンピューティングチップレットには高性能な最新プロセスを採用することができる。

3. 適応性と開発プロセスの加速

　メモリチップレットには新しいメモリテクノロジーを導入でき、多様な半導体需要に対応することが可能である。チップレットベースの設計では、古いチップレット部分を簡単に更新することで、開発プロセスが加速される。さらに、機能ごとに分けることで、シンプルな設計が可能となり、最終的な歩留まりを高めることができる。

4. 市場予測と成長見込み

　現在、チップレット技術はAMDやIntelなどの大手企業が市場に投入しており、製造を引き受けているファウンドリは少ないが、TSMCでは基板上でのチップレット開発と組み合わせの標準化が進められている。市場は2023年から2033年にかけて年平均成長率（CAGR）42％で成長すると予測されている。

5. 自動車産業への適用

　自動車産業は、自動運転やセンサフュージョンなどの電子機能用チップレットを採用する最適な候補である。モジュールアプローチにより、モノリシックSoCのアップグレード期間を短縮し、特定車種ごとのエンジニアリングコストを低減することができる。さらに、実証済みのダイを使用することで、信頼性と安全性の要件を迅速に満たすことが可能である。

6. 多様なアプリケーションへの拡大

　チップレット市場の拡大により、イメージセンサ、ディスプレイ、メモリ、量子コンピューティングなど、さらに多くのアプリケーション分野での活用が期待されている。

（2024年10月）

7
チップゼネコンについて（付録）

チップゼネコンの定義と業界の取り組み：未来を切り拓く新たな半導体ビジネスモデル

チップゼネコンの定義について

　「チップゼネコン」とは、半導体業界において新たに台頭している業態で、複数の小さなチップ（チップレット）を組み合わせて大規模なシステムを構築する企業を指す。

　これにより、顧客は自社のリソースを最大限に活用し、競争力を高めることができる。また、チップゼネコンは、大量生産によるスケールメリットを活かし、半導体製品を低コストで提供することが可能である。これにより、顧客は高品質な製品を手頃な価格で入手できる。

　近年、チップレットという新しい半導体設計・製造概念が注目を浴びており、これに対応するための新たなビジネスチャンスが生まれている。チップレット技術を活用することで、チップゼネコンは、より効率的に高品質な半導体製品を製造でき、製造コストを抑えつつ、製品の性能を向上させることが可能となる。これにより、チップゼネコンは市場競争力を維持し、新たなビジネスチャンスを掴むことができる。このように、チップゼネコンは半導体産業における重要な役割を果たしている。

チップゼネコンの業界の取り組み

　現状では、チップゼネコン技術は半導体業界で急速に注目を集めている。特にデータセンターやAIのような大規模なデータ処理を行う分野での性能と効率の向上が期待されている。これにより、データ処理の高速化や効率化が図られ、より高度なサービスを提供することが可能となる。また、IoTデバイスやエッジコンピューティングなど、小型で低消費電力を求められる分野でも有効である。これにより、エネルギー効率の向上やコスト削減が期待される。

　将来に向けては、異種アーキテクチャや3Dスタッキング技術の進展が期待されている。これにより、各チップレットの特性を最大限に活かしたシステムが構築でき、性能と効率がさらに向上するだろう。例えば、異なるプロセスで製造されたチップレットを組み合わせることで、最適な性能を発揮するシステムを構築することが可能となる。また、3Dスタッキング技術を活用することで、チップの集積度を高め、よりコンパクトなデバイスを実現することができる。

　さらに、チップゼネコンは、半導体製造の効率化とコスト削減を図るために、最新の製造技術やプロセスを導入している。これにより、製品の品質向上と生産性の向上が期待される。また、環境への配慮も重要な課題となっており、エネルギー効率の高い製造プロセスやリサイク

ル可能な材料の使用が推進されている。

　異なるプロセスで製造されたチップレットを組み合わせ（ヘテロジニアスインテグレーション）の具体的なチップゼネコンの用例を紹介する。

用例

・AMDのRyzenプロセッサ

　AMDのRyzenプロセッサは、チップレット技術を活用しており、異なる製造プロセスで作られた複数のチップレットを組み合わせて一つのプロセッサを構成している。これにより、コスト効率と性能のバランスを最適化している。

・IntelのFoveros技術

　IntelのFoveros技術は、異なる製造プロセスで作られたチップを3Dスタッキングする技術である。これにより、ロジックチップとメモリチップを積層し、高性能かつ低消費電力のシステムを実現している。

・AppleのM1チップ

　AppleのM1チップも、異なる製造プロセスを組み合わせた例の一つである。M1チップは、5nmプロセスで製造された高性能なCPUコアと、異なるプロセスで製造された他のコンポーネントを組み合わせている。

・TSMC

　TSMCは、異なる製造プロセスで作られたチップレットを組み合わせる技術を提供している。特に、先進的な5nmプロセスや7nmプロセスを用いたチップレットの製造に強みがある。

・NVIDIA

　NVIDIAは、GPUの設計と製造においてチップレット技術を活用している。特に、異なるプロセスで製造されたメモリチップとロジックチップを組み合わせることで、高性能なGPUを実現している。

・Tenstorrent

　Tenstorrentは、AIプロセッサの設計においてチップレット技術を採用している。異なる製造プロセスで作られたチップレットを組み合わせることで、効率的なAI処理を実現している。

これらの企業がチップゼネコン技術の進展に大きく貢献していると考えられる。

現状のチップゼネコンの業界の取り組みの問題点

　チップゼネコン技術には多くの利点があるが、いくつかの課題も存在する。まず、異なるチップレット間の接続や通信に関する課題がある。高度な接合技術が必要であり、コストや信頼性の面での課題がある。これにより、製造コストの増加や製品の信頼性低下が懸念される。
　次に、熱管理の問題も重要である。複数のチップレットを集積することで発熱が増加し、冷却が難しくなる場合がある。効率的な熱設計や新しい冷却技術の導入が必要である。これにより、製品の性能を維持しつつ、長寿命化を図ることができる。
　さらに、設計とテストの複雑さも課題の一つである。複数の異なるチップを組み合わせるため、設計プロセスが複雑化し、各チップレットの相互作用を正確にテストするためには高度なテスト手法と設備が必要である。これにより、開発期間の延長やコストの増加が懸念される。
　これらの課題に対する解決策としては、産業界全体での協力と標準化の推進が重要である。異なる企業が連携し、共通のインターフェースやプロトコルを策定することで技術の互換性を高めることができる。これにより、製品の品質向上やコスト削減が期待される。また、研究開発の促進や技術革新を通じて、これらの課題を克服することが求められる。
　さらに、チップゼネコンは、顧客との密接な連携を通じて、顧客のニーズに応じたカスタマイズ製品を提供することが重要である。これにより、顧客満足度の向上と長期的なビジネス関係の構築が期待される。また、顧客からのフィードバックを積極的に取り入れ、製品の改良や新製品の開発に反映させることで、競争力を維持することができる。
　最後に、チップゼネコンは、グローバルな市場展開を視野に入れた戦略を立てることが重要である。これにより、国際的な競争力を高め、新たな市場機会を掴むことができる。特に、新興市場における需要の増加に対応するため、現地のパートナーとの協力や現地生産の拡大が求められる。

中小企業のチップレット技術活用した実例

　チップレット技術の活用により、中小企業でも独自のチップを開発することが可能になり、競争力を高めることができる。以下に、中小企業がチップレット技術を活用した実例を紹介する。

・HACARUS

　HACARUSは、AI技術を活用したデータ解析を行う中小企業である。彼らはチップレット技術を活用し、特定のAI処理に特化したチップを開発している。これにより、競合他社との差別化を図りつつ、開発コストを抑えられた。

これらの実例からわかるように、チップレット技術は中小企業が独自のチップを開発する際のハードルを下げ、競争力を高めるための重要な手段となり得る。

　一般に設計元や製造元の異なるチップレットを集め、システムレベルで高性能な作り込んだ1チップへと集積する「チップゼネコン」と呼べるようなビジネスを指す。

図7-1　チップレットによるヘテロジニアスインテグレーション

（出所：https://www.intel.co.jp/content/www/jp/ja/architecture-and-technology/programmable/heterogeneous-integration/overview.html）

著者略歴

山本　隆浩（Takahiro Yamamoto）

半導体技術コンサルタント『サーフテクノロジー』代表
surftech55@icloud.com

1987年　国立三重大学工学部工業化学科卒業
　　　　富士通にて半導体のパッケージング技術の開発。
　　　　外資系半導体メーカにてFAE、テクニカルマーケティング。
2005年　個人事業主として、半導体の技術コンサルティング業務をスタート。
2025年　現在に至る。

チップレットの最新動向 調査レポート
半導体技術の新たな進化へ向けて

発行日：2025年4月16日 初版第一刷発行
編著者：山本 隆浩
発行者：吉田 隆
発行所：株式会社 エヌ・ティー・エス
　　　　東京都千代田区北の丸公園2-1　科学技術館2階　〒102-0091
ＴＥＬ：03（5224）5430　http://www.nts-book.co.jp/
印　刷：株式会社ウイル・コーポレーション

ISBN978-4-86043-940-8
©2025 山本 隆浩

本書に掲載されているコンテンツの著作権は、著作権法により保護されています。 これらについて、著作権法で認められるものを除き、権利者に無断で転載・複製・翻訳・販 売・貸与・印刷・データ配信(Webページへの転載など送信可能化を含む)・改ざん等する 行為は、権利侵害となります。 本書の内容に関し追加・訂正情報が生じた場合は、当社ホームページにて掲載いたします。